"SEOおたく"が 1000のサイトを検証してわかった成果を上げるルール

強い SEO

株式会社LANY
竹内渓太
@SEOおたく

エムディエヌコーポレーション

©2024 Keita Takeuchi. All rights reserved.

本書に掲載した会社名、プログラム名、システム名、サービス名などは一般に各社の商標または登録商標です。本文中で™、®は明記していません。

本書は著作権法上の保護を受けています。著作権者、株式会社エムディエヌコーポレーションとの書面による同意なしに、本書の一部或いは全部を無断で複写・複製、転記・転載することは禁止されています。

本書は2024年9月現在の情報を元に執筆されたものです。これ以降のURL等の変更によっては、記載された内容と事実が異なる場合があります。本書をご利用の結果生じた不都合や損害について、著作権者及び出版社はいかなる責任も負いません。

はじめに

　はじめまして。SEOコンサルティングを提供する株式会社LANY 代表の竹内渓太です。

　本書は「自分の頭でSEOの正解を考えるための型を提供する」ことをコンセプトに執筆したものです。

　昨今のSEOは難易度が高くなっており、従来の知識だけでは到底太刀打ちできなくなっています。SEOコンサルティングを提供する我々のような専門家集団であっても、毎日のようにスキルや知識のアップデートを続けなければ、その時々の検索アルゴリズム上で成果を出すことは不可能です。

　さらに、組織全体を巻き込み、UI/UXの改善やプロダクトの機能開発、営業やカスタマーサポートの方々を巻き込んだ本質的なコンテンツ作成などを、SEO担当者が先導しなければ、大きな成果に繋げることも難しくなっています。

　本書では、「SEOの裏技」は一つも紹介しない代わりに、これから先のSEOで正解を出し続けるために必要なスタンスや考え方、普遍的なセオリーなどを詳細にお伝えしています。

　たとえ、いきなりSEO担当者に任命された新人社員の方でも、本書を読み終わった頃には、自分の頭で考え、そして手が動く状態となっていることを目指したものです。

■ 本書の使い方

　本書は、SEOに取り組むすべての方に向けて、必要な知識と実践的な手法を体系的に学んでいただけるよう構成されています。それぞれのChapterで扱う内容とその目的を理解し、ご自身に合った方法で活用していただければと思います。

Chapter 1　SEOの基本をおさらい

　検索エンジンがどのような仕組みで動いているのか、また検索順位を決定するアルゴリズムの考え方や、Googleが目指している検索結果の状態はどういったものかを解説しています。SEO中級者以上の方は、より実践的な内容をまとめたChapter2から読んでくださってもかまいません。

Chapter 2　SEOの流れをつかむ

　多くのサイトに共通するSEOの基本的な流れを解説しています。ここで基本的な流れを理解した上で、Chapter3以降を読んでいただくと、内容を理解しやすく、全体像もつかみやすくなります。

Chapter 3　サイトタイプ別のSEO戦略

　SEOではサイトのタイプごとに、取るべき対策や重要な点が異なるため、主要なサイトタイプ別に成果を上げるためのサイトの改善戦略を解説しています。各タイプのサイトを実際にコンサルティングする際に意識している、重要な点を厳選して取り上げました。

　SEOの戦略の部分を理解することで、自社サイトの場合には何をどう考えればよいのか「頭が動かせる状態」になるはずです。

Chapter 4　手法別にSEOを実践する

　SEOにおけるサイト改善の手法（戦術）を解説した章になります。サイトのタイプに関わらず共通で使えるものと、特定のサイトタイプのみで使えるものが存在するため、ご自身の向き合っているサイトと照らし合わせて活用ください。

Chapter 5　SEOの地頭力を鍛える

　筆者やLANYの経験を踏まえながら、変わり続ける状況の中でも常に最前線で活躍し続けるSEOプレイヤーになるために必要な知識やスキル、また強いSEOプレイヤーになるための実践的なステップを紹介しています。

　現在のSEOは、エンジニアリングやデザイン、SNSマーケティングや広報PRなどといった関連領域の知見や技術も必要とする「総合格闘技」的な分野になっており、チームプレイで戦うものになっているというのが筆者の持論です。

　本書をきっかけに、ご自身の業務範囲や責任範囲を見直したり、SEO以外の幅広い領域の知見を広く身につけていただいたりすることで、"今"のSEOでも戦っていける強いプレイヤーになってください。

　SEOの世界に足を踏み入れて7年、LANYを創業して4年の私が持つ、SEOの経験をすべて注ぎ込んで執筆した本書が、SEOに携わる多くの方のバイブルとなることを願っております。

2024年9月
竹内渓太

Contents

はじめに …………………………………………………………………………… 3

Chapter 1

SEOの基本をおさらい　　　11

| 01 | 検索エンジンの仕組み ……………………………………………… 12
| 02 | Google検索アルゴリズムの考え方 ………………………………… 20
| 03 | 検索品質評価ガイドラインの重要概念① 検索ニーズを満たす ……… 28
| 04 | 検索品質評価ガイドラインの重要概念② YMYLとE-E-A-T ………… 35

Chapter 2

SEOの流れをつかむ　　　43

| 01 | 「目的」を定める ……………………………………………………… 44
| 02 | キーワード戦略を設計する① キーワード調査 …………………… 47
| 03 | キーワード戦略を設計する② キーワード設計 …………………… 54
| 04 | キーワード戦略を設計する③ コンバージョン設計 ……………… 58
| 05 | キーワード戦略を設計する④ シミュレーション ………………… 61
| 06 | SEOの戦術を策定する ……………………………………………… 64
| 07 | SEOの戦術を実行する ……………………………………………… 77
| 08 | 数値モニタリングと改善サイクル ………………………………… 83

Chapter 3 サイトタイプ別のSEO戦略　89

- 01 記事型メディアのSEOの特徴 ··· 90
- 02 記事型メディアのSEO① 読者ニーズを満たす記事 ·························· 93
- 03 記事型メディアのSEO② コンテンツの独自性 ································ 109
- 04 記事型メディアのSEO③ 記事同士の内部リンク ···························· 112
- 05 記事型メディアのSEO④ 記事制作のオペレーションの最適化 ·········· 118
- 06 記事型メディアのSEO⑤ 被リンクの獲得 ····································· 123
- 07 記事型メディアのSEO⑥ 読者体験の向上 ····································· 127
- 08 データベース型サイトのSEOの特徴 ·· 130
- 09 データベース型サイトのSEO① クロールの最適化 ························· 134
- 10 データベース型サイトのSEO② インデックスの最適化 ··················· 139
- 11 データベース型サイトのSEO③ PLPを一致させる ························· 146
- 12 データベース型サイトのSEO④ 検索クエリとページテーマ ············· 152
- 13 BtoB型サービスサイトのSEOの特徴 ·· 156
- 14 BtoB型サービスサイトのSEO① キーワードの選定 ························ 160
- 15 BtoB型サービスサイトのSEO② 適切なページタイプでSEOを行う ···· 163
- 16 BtoB型サービスサイトのSEO③ 社内の情報やコンテンツの活用 ······· 168
- 17 BtoB型サービスサイトのSEO④ 教育用コンテンツ ························ 173
- 18 BtoB型サービスサイトのSEO⑤ 他施策との掛け合わせ ··················· 175
- 19 店舗型サービスサイトのSEOの特徴 ·· 180
- 20 店舗型サービスサイトのSEO① 対策ページの品質向上 ··················· 183
- 21 店舗型サービスサイトのSEO② エリアのテーマ性の向上 ················ 187
- 22 店舗型サービスサイトのSEO③ MEOのパフォーマンス向上 ············ 190

23	店舗型サービスサイトのSEO④ エリアにおける認知度の拡大	193
24	CGMサイトのSEOの特徴	195
25	CGMサイトのSEO① index／noindexの制御	198
26	CGMサイトのSEO② ユーザー投稿画面の最適化	201
27	CGMサイトのSEO③ 内部リンクの適切な設計	203
28	多言語・多地域サイトのSEOの特徴	206
29	多言語・多地域サイトで行うべきSEO対策	209

Chapter 4

手法別にSEOを実践する

215

01	キーワード選定―概論編	216
02	キーワード選定―実践編	221
03	E-E-A-Tを強化するには	232
04	被リンクを獲得するには	245
05	指名検索を増やすには	254
06	トピッククラスターモデル―概論編	258
07	トピッククラスターモデル―実践編	267
08	生成AIの活用―記事型メディア	270
09	生成AIの活用―データベース型サイト	275
10	低品質コンテンツ対策	280
11	フラッシュリライトのすすめ	290
12	読者体験を向上させる	303
13	コンテンツの独自性を強化する	308
14	データベース型サイトのコンテンツ強化	312
15	Google Discover対策	317

Chapter 5

SEOの地頭力を鍛える　323

- 01 強いSEOプレイヤーに必要なハードスキル ……………………………… 324
- 02 強いSEOプレイヤーに必要なソフトスキル ……………………………… 326
- 03 強いSEOプレイヤーになるためのトレーニング ………………………… 330
- 04 強いSEOチームになるために効果的な取り組み ………………………… 340
- 05 SEOの昔と今 ……………………………………………………………… 345

著者プロフィール ……………………………………………………………… 351

**本書の購入者限定!
特典ダウンロードデータ**

本書をご購入いただいた方限定で、特典ダウンロードデータ(PDFデータ)を用意しました。下記のURLからダウンロードしていただけます。

ダウンロードURL
https://books.mdn.co.jp/down/3224303024/

・本書の特典ダウンロードデータは、本書をご購入いただいた方のみが利用できる特典データです。購入者以外の第三者への配布、その他の用途での使用や配布などは一切できませんので、あらかじめご了承ください。

・弊社Webサイトからダウンロードできる特典データの著作権は、それぞれの制作者に帰属します。

・弊社Webサイトからダウンロードできる特典データを実行した結果については、著者および株式会社エムディエヌコーポレーションは一切の責任を負いかねます。お客様の責任においてご利用ください。

Chapter 1

SEOの基本を
おさらい

検索エンジンの仕組みや、検索表示順位を決定するアルゴリズムの考え方などを解説します。SEO施策を立てる上で押さえておかなければならない基本的な事項をおさらいしておきましょう。

Chapter **1-01**

検索エンジンの仕組み

サマリー

SEOで上位表示を目指すためにはまず自社サイトのページをGoogleに発見してもらい、検索エンジンのデータベースに登録してもらう必要があります。ここでは検索エンジンの仕組みを4つのプロセスで解説します。

■ 検索エンジンが機能する4プロセス

SEOに取り組む上では、現在主流である検索エンジンの仕組みを理解することが必須です。検索エンジンとはGoogleやYahoo!、Bingなど「インターネット上のWebページを検索するためのシステム」のことで、ユーザーが何らかの情報を調べるためにWebブラウザで検索した際に、**検索結果画面を表示させるために裏側で動いている仕組み**を指します。

検索エンジンの仕事は、大きく分けると以下の4つのプロセスです。

❶ ディスカバー(URLの発見)
❷ クロール(URLの解析)
❸ インデックス(URLの登録)
❹ ランキング(順位付け)

SEOは❹ランキング(順位付け)において「順位を上げること」だけにアプローチする施策だと勘違いされがちですが、❶〜❸のGoogleがURLをきちんと発見して、ランキングの対象ページとして登録できるようにすることもSEO担当者の仕事です。

検索エンジンの大まかな仕組みをつかんでおくことは、本質的なSEOを実行していく上で重要になります。以降は世界最大の検索エン

ジンであるGoogleにフォーカスし、4つのプロセスに対してアプローチする基本的な施策を述べていきます。

①ディスカバー（URLを発見する）

検索エンジンは「インターネット上のWebページを検索するためのシステム」と前述しましたが、検索されるようにするためにはまずGooglebotに代表される、クローラーと呼ばれるロボットがWebページ（URL）を見つける必要があります。インターネット上には無数のWebページが存在しており、検索エンジンがすべてのWebページを発見するのは現実的には不可能です。そのため、SEO担当者は**検索エンジンがURLを発見しやすいように対策する**必要があります。

GoogleがURLを発見する主な方法は次の通りです表1。

表1　GoogleがURLを発見する方法

発見方法	対策
リンク経由	・発見してもらいたいページへの内部リンクを繋ぐ ・どこからもリンクが張られない孤立ページにしない
sitemap.xml経由	・sitemap.xmlにURLを掲載してGoogleにURLの存在を伝える
インデックス登録リクエスト	・サーチコンソール経由でGoogleにURL登録を行う

ほかにもIndexing APIなどの手法もありますが、基本的な概念だけ理解していただければ問題ないため、ここでは上記の3つを覚えてください。

②クロール（URLを解析する）

クローラーは**URLを発見したあと、ページの情報を解析**します。これをクロールと呼びます（ほかにもパース、レンダリングなどと呼ぶ）。クロールによって、ページ内の情報を解析し、そのURLをGoogleのインデックスサーバー（世界中のWebページが格納されているデータベース）に格納する価値があるかどうかを判断します。

そのため、クローラーにページの情報を正しく認識してもらえるよう、各ページを解析しやすい（クローラビリティが高い）サイトにする必要があります。

その際に重要な要素がHTMLタグです。クロールではCSSやPHPなどのファイルの読み込みも行われますが、基本的に行っている内容は**ページのHTMLタグを解析すること**です。HTMLタグには<title>や<h1>、<li>、<a>のようなタグが多数の存在し、それぞれに意味があります**表2**。

表2 HTMLタグの種類と意味

HTMLのタグ例	意味	Googleの解析
<title>	タイトル	ページのメインテーマとなる重要なキーワードが含まれていると考える
<h1>〜<h6>	見出し	そのページのサブテーマとなる重要なキーワードが含まれていると考える
<li>	リスト	粒度として何か同一のものがリストアップされていると判断する
<a>	アンカー（リンク）	ページのテーマに関連するページへの内部リンク、もしくは外部リンクが張られている

クローラーはHTMLタグによってマークアップされた文書データから、そのページのメインテーマは何で、どのようなリンクが含まれているのかを詳しく解析した上でページを評価します。

WordPressなどのCMSを利用している場合、サイト運営者側がHTMLタグを詳細に設定しなくとも問題なくSEOフレンドリーなマークアップになっているため、SEOに取り組んでいてもあまり意識してこなかった方も多いかもしれません。しかし、適切なマークアップを行うことでGoogleに評価されやすくなるため、SEOに取り組む方であれば、基本的なHTMLのタグの意味やマークアップのお作法は頭に入れておくようにしましょう。

> **WORD**
>
> **マークアップ**
> 文書を構成しているテキストや画像を内容に応じて、タイトル、見出し、段落、画像などの適切なタグで意味付けし、構造化すること。

ポイント

HTMLでの適切なマークアップは、クロール後のインデックスやランキングにもよい影響を与えます。

なお、クローラーが物理的にクロールできるURL数には限界があるため、サイトごとにクローラーがクロールに費やせるリソース上限が割り当てられています。これを「クロールバジェット」と呼びます。小規模サイトであればクロールバジェットを気にする必要はありませんが、数百万～数億ページを保有するような大規模サイトであれば、クロールバジェットを意識した改善も必要です。クロールバジェットについてはChapter2-06で詳しく解説しますので、大規模サイトを運営されている方はそちらも参照してください（→P.69）。

さらに、クロールには「クロールデマンド」と呼ばれる概念もあり、サイトの品質や人気度に合わせてクロール量が調整される仕組みもあります。品質が高く人気なサイトにはたくさんのクローラーが訪れ、逆に品質が低く人気のないサイトにはほとんどクロールが割り当てられません。そもそもクロールされなければ、インデックスされることもなく、どれだけ検索されても検索結果に表示されることはないため、**まずはクロールさせるべきページをきちんとクロールさせる**ところから向き合っていきましょう。

③インデックス（URLを登録する）

クロールのプロセスでHTMLを解析した結果、Googleが「インデックス（登録）する価値がある」と判断したら、インデックスサーバーに登

録されます。ユーザーがブラウザ上で何かを検索すると、このインデックスサーバーの中にあるURL群から、検索クエリと関連度が高く信頼できるページが検索結果に表示される流れになるため、URLがインデックスされないことには検索結果に表示される可能性はゼロです。そのため、まずは**ご自身のページをGoogleにインデックスさせることがSEOのスタートライン**になります。

> **WORD**
>
> **検索クエリ（クエリ）**
> 検索に使用された単語や、単語の組み合わせ。検索クエリの背後に、ユーザーの検索意図やニーズが存在する。クエリは「質問、問い合わせ」の意味を持つが、SEOでは検索クエリを指す。

GoogleにURLがインデックスされているかどうかは、Google Search Console（以下、Search Console）のURL検査ツールを活用することで確認できます。**図1**のように「URLはGoogleに登録されています」となっていれば、インデックスされています。

図1　URL検査ツール

▲ Search Consoleの「URL検査」から調べられる

URL検査ツールで「URLがGoogleに登録されていません」と表示される場合はURLがインデックスされていないため、原因に応じて対策

する必要があります。URLがインデックスされていない原因は様々なものが考えられますが、よくある事象としては次が挙げられれます図2。

- そもそもURLがクロールされていない
- ページの品質が低く、インデックスする価値がないと判断された

図2 URLがインデックスされない理由

URLがクロールされていない

ページ品質が低い

後者の「品質」は様々な要素から構成されています。例えばページの情報量はもちろん、独自性（Web上に存在する他ページとの差分）やページの表示速度などが品質の評価要素として知られています。

クロールされたにも関わらずインデックスされていないページは、いわゆる「低品質コンテンツ」と呼ばれることも多く、SEO担当者を悩ませる大きな問題の一つです。

ポイント

クロールされているにも関わらずインデックスされない時は、ページの品質に関わるいずれかの要素に問題があります。

検索結果に表示される土俵に立つためにも、まずはページをインデックスさせるための品質改善に向き合いましょう。低品質コンテンツの詳細な定義や対策方法はChapter4-10で解説します（→P.280）。

④ランキング（順位付け）

　Googleにインデックスされているページの中から、Googleの検索アルゴリズムによって検索クエリと関連度が高く信頼できるページが検索結果に表示されます。検索結果における順位がどのように決定されるかを知りたい方が多いと思いますが、検索アルゴリズムは一般に公開されていません。

　また、順位決定要因は年々複雑化してきており、**これをすれば順位が上がるといった銀の弾丸は存在しなくなりました**。そのため、具体的に何を行えば上位表示を達成できるのかは私たちのようなSEOを専門にしている人間を含めて誰もわからないのが正直なところです。しかし、**Googleが理想とする検索結果のあり方を知ることで、上位表示において大事な要素は推測できます**。

　Googleは「世界中の情報を整理し、世界中の人がアクセスできて使えるようにすること」をミッションに掲げており、それを具現化するために「Googleが掲げる10の事実[※1]」と呼ばれる行動指針を策定しています。この一番はじめの項目に挙げられているものが「ユーザーに焦点を絞れば、ほかのものはみな後からついてくる。」というものです。これはUI/UX改善やツール・アプリケーション開発においてGoogleが「サービスを利用するユーザーの利便性」を最も重視していることが表明された項目となっています。

　実際、Googleはユーザー第一主義（ユーザーファースト）を貫くことでサービス利用者数と業績の拡大に成功しているため、**今後もユーザーを第一とした価値基準を堅持した上で事業を展開する**と考えられます。検索エンジンのアルゴリズムも、ユーザーファーストの考え方にもとづいて設計されていると考えるのが自然でしょう。つまり、何らかの目的達成のために**検索を行うユーザーのニーズ（＝検索意図）に応えられるコンテンツが瞬時に表示されること**が、Googleの理想とする検索結果であ

※1 https://about.google/philosophy/

り、そういったコンテンツを上位表示できるようにアルゴリズムを日々改善しているはずです図3。

図3 Google・ユーザー・サイト運営者の関係

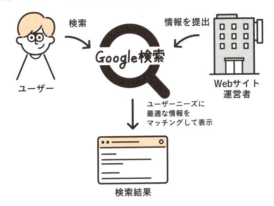

　だからこそ、アルゴリズムの細かな仕様について深く考えすぎて、改善活動の手が止まってしまうのは非常にもったいないです。SEOのトレンドやテクニックは目まぐるしく移り変わっていきますが、究極的には**「検索者の検索意図を満たすコンテンツやWebサイトを作る」**というシンプルな考えに振り切ったほうが、長い目で見たときにSEOを成功させる近道です。

　とはいえ、「検索者の検索意図を満たすコンテンツを作りましょう」だけでは、なかなか身動きが取れないでしょう。次節ではGoogleが公式に述べている検索アルゴリズムの考え方や重要な概念を噛み砕いて説明します。アルゴリズムや重要な概念を理解することでSEOでやるべきことの本質も見えてくるはずです。

ワンランク上のSEO（まとめ）

検索結果に表示させるために、URLの見つけやすさ・解析のしやすさ・ページの品質を意識する。

Chapter 1-02

Google検索アルゴリズムの考え方

サマリー

Googleのアルゴリズムは日々変化しますが、検索結果を作るための考え方や順位の決定に大きな影響を持つ評価指標は一貫しています。この節ではアルゴリズムを理解する上で重要な考え方や概念を解説します。

■ アルゴリズムの根底にある要素を理解しよう

　Googleは日常的に細かなアルゴリズムを調整したり、年に3〜4回ほど検索結果が大きく変化するコアアルゴリズムアップデートを実施したりします。そのタイミングによってGoogleの検索アルゴリズムは異なり、何が重要視されるのかも異なります。

　そのため、**検索アルゴリズムの変化を敏感に捉え、分析することを特に得意とするSEO担当者は「強い」**といえます。常にその時点での検索結果の動向を即時的に捉えて、どのような要素が評価されており、何を行えば自サイトのSEOパフォーマンスを最大化できるのかを考える力がなければ、SEOを生業としていくのは困難です。

　先述の通り、Googleのアルゴリズムは公開されていませんが、考え方の重要なエッセンスが抽出された概要であれば、「ランキング結果[※1]」というGoogle公式ドキュメントにまとまっています。それによると、ユーザーの検索クエリに最適化された検索結果を表示させるための主要な要因として、次の5つを挙げています。

※1 https://www.google.com/intl/ja/search/howsearchworks/how-search-works/ranking-results/

- 検索クエリの意味
- コンテンツの関連性
- コンテンツの質
- Webサイトのユーザビリティ
- コンテキストと設定

それぞれ簡単に解説していきます。

検索クエリの意味

　Googleは、検索クエリ（実際に検索で使用した単語や、単語の組み合わせ）から**ユーザーがどんな目的で・どんな情報を探しているのか**を推察し、その意図に合ったWebページをラインナップします。一例として、次のようなものです図1。

- これから料理をすると考えられる検索クエリ
  例：チャーハン　作り方
  →レシピサイトが上位表示される

図1「チャーハン　作り方」で検索するとレシピが上位表示される

- スポーツの試合状況を検索するようなクエリ
  例：サッカーW杯　速報
  →最新情報を発信するニュースサイトのページなどが並ぶ

　このように、SEOで上位表示を目指す上ではクエリの検索意図を精度高く推察できるようになる必要があります。

ポイント

検索者が潜在的に欲している情報を本人以上に理解し、適切に情報提供できているページは上位表示されやすいです。

　検索意図を深堀る方法として、実際に検索ユーザーになったつもりで頭で考えてみるのも一つの手ですが、検索意図に合ったページを上位表示させるGoogleの仕様を活用し、対象の検索クエリで実際に検索し、表示された検索結果から検索意図を逆引き的に考えてみるのもおすすめです。詳しくはChapter3（→P.89〜）でお伝えしますが、SEOで成果を上げていく上で「検索クエリの意味が推察できること」は、非常に重要なスキルになるため、ぜひ日々の検索から意識して考えてみましょう。

コンテンツの関連性

　検索クエリの意味（≒検索意図）に合ったページかどうかを、Googleはコンテンツの関連性をもとに判断します。

　例えば「犬」と検索された場合には、「犬」というキーワードがページ内に出現することで関連性のあるページと判断されるでしょう。さらに、単に本文の中に含まれているだけでなく、見出しやタイトルに「犬」が含まれていると、メイントピックとして「犬」を扱っており、そうでないページと比較してより関連性が高いコンテンツであることがGoogleに伝わります**図2**。

図2 検索クエリの意味とコンテンツの関連性の一例

▲「犬」で検索すると写真や犬種、生態などの関連情報を含んだページが表示される

　コンテンツの関連性の観点から見ると、ページ内の検索ワードの出現頻度ではなく、**そのワードを調べている人が欲しているであろう情報が含まれている**ことが重要です。

　「犬」という単語であれば、犬の写真や動画、犬種のリストなどがページに含まれていることが重要です。検索意図を捉えたら、その検索意図を満たすために、どのようなコンテンツが必要なのかを考えて、Webページに反映させていきましょう。

コンテンツの質

　検索クエリと関連するコンテンツの中でも、**品質の高いものが上位表示されます**。Chapter1-04（→P.35）で解説する「E-E-A-T」と呼ばれる情報の信頼性を測るシグナルや、ほかの著名なWebサイトからの外部リ

ンクが存在するかなど、多くの要素で品質の善し悪しが決まります。

なかでも「YMYL領域」と呼ばれるお金や健康などの人々の人生に重要な影響を与えるジャンルでは、Googleはコンテンツの関連性以上にコンテンツの質（特に信頼性）を重要視しています。仮に誤った情報が検索結果に表示されると、それを見て実際に何らかのアクションを起こした検索者の方の人生を大きく狂わせるリスクがあるためです。

ポイント
YMYL領域のキーワードは、権威性があり信頼できるドメインのWebページしか上位表示されません。

WORD

E-E-A-T
Experience（経験）、Expertise（専門性）、Authoritativeness（権威性）、Trustworthiness（信頼性）の略語。Googleの検索品質評価ガイドラインで定義されてるWebサイトの評価基準を指す。

WORD

YMYL
「Your Money or Your Life」の略で、金融、医療、法律、健康、安全・災害、ニュース・社会情勢などのトピックを指す。Googleの検索品質評価ガイドラインで正確性や信頼性が特に厳しく評価される分野。

よって、SEOでは、検索クエリの意味を理解し、その検索意図に沿った関連度の高いコンテンツを作るだけではなく、**そのコンテンツの品質を高めるために「情報発信者」としての信頼性も獲得していく**必要があります。検索者から「このサイト（この人）が言ってるなら安心」と思ってもらえるようなWebサイトにならなければ、E-E-A-Tの評価比重が

非常に大きい昨今のSEOで上位表示することは難しいでしょう。

Webサイトのユーザビリティ

ユーザビリティとは使い勝手や使いやすさを指します。SEOにおいては、Googleは**ページを閲覧するユーザーの使いやすさや読みやすさ、安心感や満足感**を重視しています。

具体的にはページ表示速度やCore Web Vitalsと呼ばれるサイトやWebサイトのパフォーマンスをユーザビリティの観点から測定できる指標が、Googleの順位決定要因の一つであると公表されており、ページの読み込み時間、インタラクティブ性、ページコンテンツの視覚的な安定性などを組み合わせたものが、Core Web Vitalsを測定する土台となります**図3**。

また、近年ではスマートフォンの普及により、モバイルフレンドリーである（スマートフォンで使いやすい）ことが重視されるようになりました。

図3「Web Vitals の概要：サイトの健全性を示す重要指標」

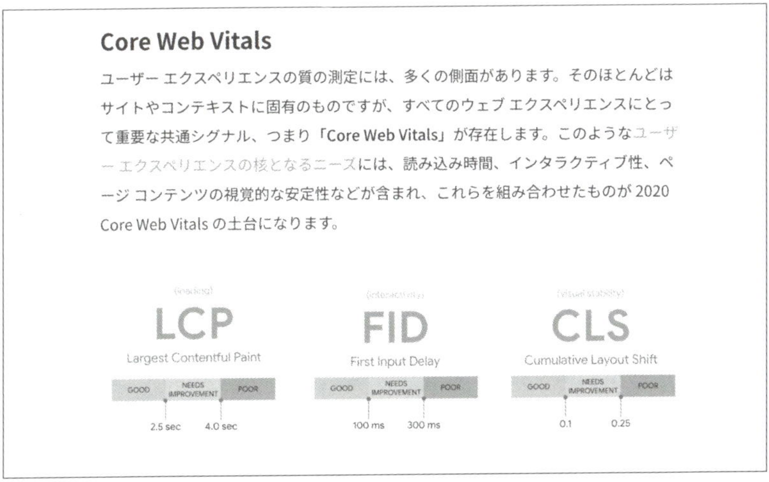

▲ https://developers-jp.googleblog.com/2020/05/web-vitals.html

ページを訪れたユーザーが実際に取った行動が順位を決定づける要素

として使われているのかどうか、仮に使われている場合、直帰率や滞在時間、ページ／セッションなどの指標のうちどの指標が重視されているのかなどは、SEOに携わる人の中で永遠に議論されているテーマです。

ポイント

長年、SEOに携わってきた筆者の所感としては、ユーザー行動指標が評価に与える影響は一定あると推察しています。

たとえそれらの指標がSEOに無関係だったとしても、ユーザーにとって使いやすいサイトになれば、再訪ユーザーが増えてアクセス数が伸びたり、コンバージョンレートが上がったりする可能性は高まります。Google Search Consoleでも、Core Web Vitalsの指標を含めたいくつかのページエクスペリエンスの指標を確認することができるため、これからのSEOにおいて重要度は増すと考えられます。ぜひユーザビリティの改善もSEO施策の一つとして頭に入れておきましょう。

コンテキストと設定

コンテキストとは「文脈」を意味します。

Googleの検索結果表示では、検索者の現在地や過去の検索履歴、各種検索設定を踏まえて、個人個人に合った最適な検索結果を検索クエリに応じて返してくれます。

例えば、「近くのカフェ」と検索した場合に、東京都渋谷区に住んでいる方と北海道札幌市に住んでいる方とでは、検索結果のラインナップは異なります。これは、Googleが一人ひとりの検索者に対して最適な検索結果を返すために位置情報を活用し、検索結果をパーソナライズしているためです図4。

図4 「近くのカフェ」で検索

▲筆者の会社 LANY から検索すると、渋谷区千駄ヶ谷周辺の結果が表示される

　SEO担当者は、**どのようなコンテキストでそれぞれの検索クエリが検索されているのか**も推察できるようになるとよりよいでしょう。具体的には次のような事柄です。

・スマートフォンで検索されているのか
・どのエリアの人が検索しているのか
・どのような趣味嗜好の人が検索しているのか　など

　検索者のペルソナイメージの解像度がより高いほうが、どのようなコンテンツが求められているのかを推察する精度も上がります。検索アルゴリズムの基本的な考え方を理解した上で、日々の改善活動に取り組んでいきましょう。

ワンランク上のSEO（まとめ）

「いつ・どこで・誰が・何を」検索し、「どのように」したいのか深掘りすることが重要。

Chapter 1-03

検索品質評価ガイドラインの重要概念①
検索ニーズを満たす

サマリー

Google検索品質評価ガイドラインは検索アルゴリズムの考え方が反映された文書です。検索結果の表示順位を左右する重要な概念を理解すれば、上位表示を目指すためのヒントが得られます。

■ 検索順位における重要な評価指標

　Google検索品質評価ガイドライン[※1]とは、前節で解説した検索アルゴリズムによって作成された検索結果の品質を、人力で評価するための指標を定めた、外部の検索品質評価者向けに用意した文書です。**Googleが理想とする検索結果のあり方がより詳しく書かれている**ため、検索結果の上位表示を目指すための指針として活用できるでしょう。なかでも、下記はユーザーファーストな検索結果を作る上でGoogleが重要視している概念として考えられています。

- Needs Met
- Page Quality
- YMYL
- E-E-A-T

　これらの概念を自分なりに解釈をし、検索アルゴリズムへの理解をより深められると、サイト改善および目標順位の達成もしやすくなるでしょう。
　本節では、まずNeeds MetとPage Qualityを取り上げます。

Needs Met

　Needs Metとは「**検索結果が、ユーザーの検索ニーズをどれくらい満たしているか**」を評価するための指標です。2024年3月に更新された「検索品質評価ガイドライン」では、上位表示を狙う検索クエリと記事の内容が合っているかどうかを、以下の5段階で評価していると書かれています表1。

表1 Needs Metの評価と概要

評価	概要
Fully Meets（FullyM）	1つの特定の検索結果を探すという明確な意図があるクエリと、それに対応するユーザーが求めている特定の検索結果にのみ適用される、特別な評価カテゴリ。
Highly Meets（HM）	主要なものからマイナーなものまで、様々なクエリの解釈やユーザーの意図に対し、「とても」役に立つ検索結果。
Moderately Meets（MM）	主要なものからマイナーなものまで、様々なクエリの解釈やユーザーの意図に対し、役に立つ検索結果。
Slightly Meets（SM）	主要なものからマイナーなものまで、様々なクエリの解釈やユーザーの意図に対し、あまり役に立たない検索結果。もしくは、めったにないマイナーなクエリの解釈やユーザーの意図に対して役に立つ結果。
Fails to Meet（FailsM）	すべてのユーザー、またはほとんどすべてのユーザーのニーズをまったく満たさない検索結果。例えば、クエリの主題から外れていたり、クエリの解釈から外れていたりするもの。

　例えば「ヒマラヤ山脈　国」というキーワードがあったとしましょう。ユーザーの検索意図は「ヒマラヤ山脈がどこの国にあるか知りたい」という明確なものです。評価別のページは以下のようなイメージです表2。

※1 https://static.googleusercontent.com/media/guidelines.raterhub.com/ja//searchqualityevaluatorguidelines.pdf

表2 「ヒマラヤ山脈　国」を例にしたNeeds Met

評価	概要
Fully Meets（FullyM）	・検索意図に対応する「ヒマラヤ山脈は〜〜にある」という回答が記載されている。 ・ヒマラヤ山脈を詳細に解説している。 ・視覚的な画像があり、強調スニペットに表示されている。
Highly Meets（HM）	・検索意図に対応する「ヒマラヤ山脈は〜〜にある」という回答が記載されている。 ・ヒマラヤ山脈を詳細に解説している。 ・検索結果に表示されている。
Moderately Meets（MM）	・検索意図に対応する「ヒマラヤ山脈は〜〜にある」という回答が記載されている。
Slightly Meets（SM）	・ヒマラヤ山脈について書いているが、どの国にあるか言及していないページ。
Fails to Meet（FailsM）	・ヒマラヤ山脈について触れていない。 ・もしくは触れていても有害な情報を含んでいるページ。

ポイント

基本的にはFully Meetsを目指しましょう。

Fully Meetsを目指す考え方

　Needs Metを高めるためのポイントは以下の2点です。

・ユーザーの検索意図を明確に理解すること
・ユーザーの検索意図に対して明確に答えること

　ユーザーの検索意図を明確に理解する上で重要になるのが、クエリの種類です。SEOでは、次の4つにクエリの種類を分けることが一般的です表3。

表3 4種類の検索クエリ

検索クエリの種類	検索意図	検索クエリの例
Knowクエリ	情報を知りたい	SEOとは エベレスト　高さ 内閣総理大臣　歴代
Doクエリ	行動をしたい	ネクタイ　結び方 チャーハン　作り方
Goクエリ	特定の場所やサイトに行きたい	近くのカフェ Amazon
Buyクエリ	購入したい	冷蔵庫　おすすめ ワイヤレスイヤホン　通販

1つの検索クエリの背後に複数の検索意図があることも多々あります。まずは、検索クエリの検索意図を表3の4分類と照らし合わせながら大まかに理解しましょう。その上で、実際の検索結果を見ながら、Googleがその検索クエリの意図をどのように解釈をしているのかをさらに調査します。具体的には、次のようなことを確認しましょう。

- 検索結果で上位表示されているページはどのようなコンテンツを保有しているのか
- 検索結果のツールバーの並び順がどうなっているのか
- Googleショッピング広告が表示されているのか
- 再検索キーワードはどのようなキーワードが並んでいるのか　など

ポイント

検索クエリごとにツールバーの順番は異なり、検索ニーズに合致した順番で並んでいるため検索意図の推測に役立ちます。

例えば、「ネクタイ　結び方」で検索した際のGoogleの検索ツールバーは、左から画像、動画となっています図1。このことからネクタイ

の結び方を調べている人はテキスト情報ではなく、視覚的にイメージしやすい画像や動画を求めているということが推察できます。

図1「ネクタイ　結び方」で検索したときのGoogleの検索ツールバー

　検索者が画像や動画を求めているのであれば、きちんとネクタイの結び方を紹介した画像や動画を掲載することで、**検索意図との合致率が高まり、上位表示される可能性も高く**なるでしょう。
　また、「冷蔵庫　おすすめ」という検索クエリにはおすすめの冷蔵庫を知りたいというKnowクエリとしての性質もあれば、おすすめの冷蔵庫を購入したいというBuyクエリの性質もあります。そのような場合には、KnowとBuyの両方の検索意図を満たせなければFully Metにはならないでしょう。
　実際に「冷蔵庫　おすすめ」で検索すると、**図2**のようにGoogleショッピング広告が表示されるため、Googleは「冷蔵庫　おすすめ」をBuyクエリとしても解釈しており、冷蔵庫の購入まで完了できるページのほうがNeeds Metは高いと評価され、上位表示の可能性も高いと考えられます。

図2 「冷蔵庫 おすすめ」で検索するとショッピング広告が表示される

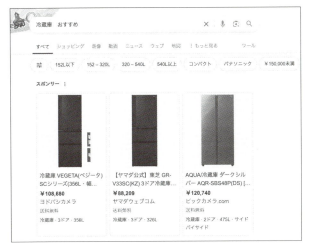

このように、実際に対策しているキーワードで検索をしてみて、**Googleがどのような検索結果を作っているかの情報**から、ユーザーの検索意図を深掘りしていきましょう。

ポイント

上位表示されているページをSEOの「正解」として捉えることで、検索意図を迷うことなく深掘りできます。

Page Quality

Page Qualityは「**ページが、そのページ自体の目的をどの程度達成しているか**」を評価するための指標です。ページの目的とは「そのページが作られた意義」のことを指します。例えば、ニュースサイトであれば目的は「ニュースを適切に伝えるため」となるように、多くのサイトやページには「ユーザーに有益な情報を発信する」という目的があります。

Needs Metでは「ユーザーが求めている有益な情報の有無」は評価できますが、発信している情報の信頼性までは判断できません。その観点を補完するために用いられているのがPage Qualityです。検索品質評価ガイドラインでは、ページの目的を達成しているかどうかを、次の5段階で評価しています表4。

表4 Page Qualityの5段階評価

評価	概要	具体例
Highest	有益な目的を持ち、目的を「非常に」達成できているページ	・E-E-A-Tが非常に高く担保されているサイト ・内容が非常によい（ニュースサイトの例：独自のレポートがあり、正確かつ深い分析がある） ・サイトについて非常によい評判がある
High	有益な目的をもち、目的を「十分に」達成できているページ	・E-E-A-Tが十分に担保されているサイト ・内容がよい（ニュースサイトの例：正確で深い情報がある） ・サイトについてよい評判がある
Medium	有益な目的を持ち、目的を達成できているページ	・特別に悪いわけではないが、特別によいわけでもないサイト
Low	重要な側面が抜けていたり、問題のある面があったりするために、そのページの目的を十分に達成できていないページ	・E-E-A-Tが十分に担保されていないサイト ・十分な情報量がなく、オリジナリティがないサイト ・邪魔になる程の広告があるサイト ・若干ネガティブな評判があるサイトやネガティブな経歴を持つ人が所有するサイト
Lowest	信用性が低かったり、人を欺いたり、人や社会に有害であったりする恐れがある、もしくはその他好ましくない性質のあるページ	・虚偽の情報・不正確な情報ばかり提供するサイト ・詐欺やスキミングを行うサイト・スパムサイト ・特定の人やグループを攻撃するサイト ・コピーサイト ・ネガティブな評判のあるサイト、ネガティブな経歴をもつ人が所有するサイト

なお、Page Qualityの信頼性の判断には、YMYLとE-E-A-Tという概念が重視されています。次節では、この2つを詳しく解説します。

ワンランク上のSEO（まとめ）

いずれの指標も「ユーザーにとって有益」であることの根拠になる。迷ったときは読者目線に立とう。

Chapter **1-04**

検索品質評価ガイドラインの重要概念②
YMYLとE-E-A-T

サマリー

近年のSEOにおいて評価比重が高まっている概念がYMYLとE-E-A-Tです。YMYLは人生を左右する可能性があるジャンルを指し、E-E-A-Tを満たした信頼性の高い情報発信が求められています。

■ YMYL

YMYLとは「Your Money Your Life」の頭文字をとった略語で、主に医療や健康、お金のような人生を左右する可能性があるジャンルを指す、Page Qualityの概念です図1。

図1 YMYLに該当するジャンル

YMYLの対象トピックは幅広く、具体的には次のようなコンテンツが該当します。

- 商品情報や商品の売買が発生する情報（オンラインショップのような金銭の取引きが行われるページ）
- 資産に関する情報（株式投資や保険などの情報が記載されたページ）
- 医療・薬品に関する情報（病気・ケガなどの治療方法や医学的アドバイスが記載されたページ）
- 法律に関わる情報（離婚や相続などの法的アドバイスをするページ）

　YMYLが重視されるようになった背景には、2016年に発生したキュレーションメディア「WELQ」の騒動がありました。WELQは医療健康情報を配信するまとめサイトで、多くのページが検索結果の上位を占めていましたが、根拠が希薄な情報や読者に健康被害をもたらす恐れのある誤った内容も掲載されており、当時大きな問題となりました。この出来事をきっかけに**GoogleはYMYL領域を中心に、信頼性の低いコンテンツの排除を強化しました。**

　YMYLに該当するコンテンツでは、**専門性や権威性、信頼性をほかのジャンルよりも厳格に評価**された上で検索順位が決定されます。その評価基準として重要視されているのが、E-E-A-Tです。

■ E-E-A-T

　E-E-A-Tとは次の頭文字を取った略称で、Googleの検索品質評価ガイドラインで定められているコンテンツの評価基準を指します図2。

- **Experience**（経験）
- **Expertise**（専門性）
- **Authoritativeness**（権威性）
- **Trustworthiness**（Trust／信頼性）

図2 E-E-A-T

▲信頼性は正確にはTrustworthinessだが、図ではTrustとしている

　先述の通りYMYL領域では情報の正確さや信憑性が求められますが、E-E-A-Tの要素をしっかり満たせれば、自然とYMYL領域でも上位表示を目指すことができます。信頼性の高い情報はユーザーにとって有益なものであり、Googleとしても正しい情報を多くの人に知ってほしいと願っているからです。以降は、E-E-A-Tの各要素を詳しく見ていきます。

■ Experience：経験

「Experience（経験）」は、**そのトピックを執筆する上で必要な経験を、執筆者本人が保有しているどうか**を評価する項目です。

> 引用
>
> "Consider the extent to which the content creator has the necessary first-hand or life experience for the topic."
> ―Google 検索品質評価ガイドライン[※1]より
> 訳：コンテンツ制作者が、そのトピックに必要な実体験や人生経験をどの程度持っているかを検討する。

製品を実際に購入して使ったり、その場所を訪問したりすることを経験と呼びます。後述する専門性や権威性とは少し異なり、日常生活における各種イベントの経験を持つ「日常の専門家」がニュアンスとしては近いです。

いわゆる「こたつ記事」と呼ばれる「独自の調査や取材を行わず、テレビ番組やSNS上の情報などのみで構成される記事」ではなく、実際にそのトピックについて経験した人が作ったコンテンツの方が信頼に値する情報であると伝えるために、経験というわかりやすい言葉を用いてガイドラインを策定したと考えられます。

パリのおすすめの旅行スポットに関する記事を例にすると、パリに行ったことのない人がインターネットやSNSの情報を集めて書いたような記事と、実際にパリに数十回旅行に行った人が書いた記事なら、後者の方が信頼に値するはずです。

「経験」の成功例

筆者の会社LANYが支援した案件で、ライフスタイル系のメディアにおける成功事例があるので紹介させてください。日常生活に関わる記事で構成されるライフスタイル系のメディアでは、YMYL領域と異なり専門性や権威性よりも「経験」が重視される傾向にあります。

そこで、特定の店舗ブランドの商品レビュー（食品系）を行う記事の中で、実際にその店舗に足を運んで商品を購入して写真を撮影し、商品を食べた上で、筆者の一人称を使いながら記事を作成しました。その結果、**読み応えのある、経験した人にしか書けない独自性の高い記事**となり、読者のユーザー行動も非常によくなったのと同時に、対策キーワードの検索順位もかなり高順位で表示される結果となりました。

経験が重視される領域とそうでない領域はありますが、経験が重視される領域であれば、**実際に経験をした人にコンテンツを作ってもらうよ**

※1 https://static.googleusercontent.com/media/guidelines.raterhub.com/ja//searchqualityevaluatorguidelines.pdf, p.26

うにしましょう。

■ Expertise：専門性

「Expertise（専門性）」では、**そのトピックについて語るに値する十分な専門知識やスキル**を執筆者が持っているかが評価されます。特にYMYL領域のように、専門知識を有した方の意見でなければ、信頼するのが危険な場合に重視される項目です。ただし、ガイドライン上は、YMYL領域でなくとも日常に関することであっても、専門性は重要であると書かれておりますのでその点は留意しましょう。

> 引用
> "Consider the extent to which the content creator has the necessary knowledge or skill for the topic."
> —Google 検索品質評価ガイドラインより
> 訳：コンテンツ制作者が、そのトピックに必要な知識や技術をどの程度持っているかを検討する。

　医師免許や弁護士登録番号などの証明できる資格がある場合に、専門性は証明しやすいです。逆に、SEOの専門性などは、証明が難しいです。その場合には、あの手この手を使って、専門性を証明していく必要があります。

「専門性」の具体例

　書籍の商業出版も、専門性や権威性を証明する方法の一つといえるでしょう。著作が1冊もない状態と、社会的に信用のある出版社から著作を出版した後では、どちらのほうが専門性が高いと、世の中やGoogleは評価するでしょうか。確実に、出版した後だと考えます。
　例えば、検索ユーザーがSEOで検索順位を上げる方法を知りたいときに、ユーザー目線でもGoogle目線でもSEOの書籍を出版していると

いう事実は、執筆者のSEOの専門性を評価するのにプラスの影響を与える要素となり得ます。ほかにも、SEO領域で信頼性の高いカンファレンスに登壇をしていたり、SEOに関する記事を権威性のあるメディアに寄稿している事実も専門性の評価に繋がる可能性があります。

　ここで重要なのは、実際の専門性の高さだけでなく、そのことをユーザーやGoogleにも正しく認識してもらうための発信に取り組むことです。SNSやnoteなどで、信頼性の高い情報を発信するのも一つの手段といえます。各分野で高度な専門知識を持つ方は世の中にたくさんいますが、仮にその方々が専門的な知識があることを、外部に向けて積極的に発信していなければ、一般ユーザーやGoogleの視点では専門性があるとは認識されにくく、SEO評価にも繋がりにくい懸念があります。

　つまり、専門性のある人が、**専門性があることをきちんとGoogleにもわかるように伝えることで、専門性は評価される**ということです。

> ポイント
>
> 内容の専門性担保はもちろん、誰がその記事を書いたのか検索エンジンに伝わるような対策も意識しましょう。

■ Authoritativeness：権威性

　「Authoritativeness(権威性)」では、コンテンツの執筆者やWebサイトが、そのトピックにおいて知名度や信頼度が高いと世間から評価されているかどうかが判断されます。ほかの項目と比較して**第三者からの評価の色が強い**のが権威性の項目です。権威性をGoogleに認識してもらうためには、取り扱う情報の領域・業界で、第一人者であると認められていることが重要です。

> 引用
> "Consider the extent to which the content creator or the website is known as a go-to source for the topic."
> —Google 検索品質評価ガイドラインより
> 訳：コンテンツ制作者やWebサイトが、そのトピックに関する有力な情報源としてどの程度知られているかを考慮する。

　Googleの評価指標である「PageRank」は被リンクの数と質をベースにしたものですが、権威性もPageRankに似た概念であるといえます。

　つまり、権威性を高めていくためには、そのコンテンツ自体がより権威のあるサイトから引用されること、そのサイト自体が引用・言及されることを求めていく必要があります。

　具体的には、被リンクや言及（サイテーション）によって権威性を測られていると考えると腑に落ちます。信頼できる情報として誰もが引用する行政機関のサイトや、SEOのトピックであればGoogleの公式ガイドラインなどが権威性のあるサイトといえるでしょう。仮に、それらのサイトから言及された場合、相当な権威性評価の向上に繋がると考えられます。

■ Trustworthiness：信頼性

　「Trustworthiness（信頼性）」は、文字通り情報が信頼できるかどうかを判断する項目です。E-E-A-Tの概念図**図2**が示すように、経験と専門性、権威性の総合評価によって信頼性が評価されています。

> 引用
> "Consider the extent to which the page is accurate, honest, safe, and reliable."
> —Google 検索品質評価ガイドラインより
> 訳：そのページがどの程度正確で、正直で、安全で、信頼できるかを検討する。

したがって、先に挙げた3項目の内容を包括的に対応していくことで、その情報が信頼するに値すると判断されるようになります。

ただし、検索品質評価ガイドラインの中で、信頼性の具体例として「金銭のやり取りが発生するECサイトにおいて安全な決済機能を実装しているかどうか」の記述があるように、経験や専門性、権威性だけでは測れない、単独の「信頼性」の概念も存在します。

基本的には、発信している情報がどのような情報源をもとに作られているか、またどのようなポリシーで作成されているかといった透明性と信頼性を高めることが重要にはなります。さらに、決済機能のような単体で信頼性が重要になるものが機能や情報として存在する場合は、その信頼性が高いと伝える工夫も必要です。

E-E-A-Tを高めるための具体的な方法についてはChapter4-03（→p.229）でさらに詳しく解説しますが、ここで述べた基本的な概念を頭に入れておくと、実際の施策などにも応用して落とし込めるため、きちんと理解しておきましょう。

ワンランク上のSEO（まとめ）

特にYMYL領域では、信頼性の高い情報発信を実現するためにE-E-A-Tを意識しよう。

Chapter 2

SEOの流れをつかむ

SEO施策を実行するまでの、一連のフローを確認します。大まかな流れをつかむことで、全体像を理解しやすくなります。SEO施策に取り組む前に、必ずSEOの「目的」を定めましょう。

Chapter 2-01

「目的」を定める

> **サマリー**
> SEOに取り組む主な目的として、売上げ向上と認知拡大の2つがよく挙げられます。SEOに取り組む目的に応じて、取るべきキーワード戦略や施策が異なるため、自社の事業戦略と照らし合わせて考えましょう。

■ SEOを進めるステップ

SEOに取り組む上では、大まかに次の5つのステップで進めるため、それに沿って解説していきます。

① 目的を定める→本節
② キーワード戦略を設計する→Chapter2-02〜05
③ SEOの戦術を策定する→Chapter2-06
④ SEOの戦術を実行する→Chapter2-07
⑤ 数値モニタリングを実施し、改善サイクルを回す→Chapter2-08

■ 目的によってキーワードや対策の優先度が変わる

SEOは、検索エンジン経由のアクセス数を増やすことで事業に価値をもたらすための手法です。**どのような価値を事業にもたらしたいかによって、SEOに取り組む目的が明確になります**。SEOに取り組む目的としてよく聞かれるのは次の2つです。

- 売上げを増やしたい
- 認知を拡大したい

売上げを増やしたい場合と、認知を拡大したい場合で、狙うべきキーワードや対策優先度は変わってきます。

売上げを増やしたい

売上げを増やしたいと一口にいっても、目指すところは様々です。

- BtoBのサービスで、営業に渡せる見込み客のリードを増やしたい
- ECサイトで、サイト経由で商品購入点数を増やしたい
- 広告収益モデルのサイトで、PVを増やして広告収益を増やしたい

リード獲得や商品購入はいわゆるコンバージョンと呼ばれるもので、キーワードを選定する際には、コンバージョン率（CVR）を意識する必要があります。

例えば1万セッションを生み出すキーワードを対策しても、流入したユーザーのCVRが0.01%であれば、SEO経由のコンバージョンは1件となります。一方で100セッションしか獲得しないキーワードでもCVRが5%であれば、SEO経由のコンバージョンは5件になります。つまり、後者の方が事業貢献度が高いです。

ただし、広告収益を狙う場合、基本的にはPV数に比例して収益も増えるため、1万セッションの可能性があるキーワードを対策したほうが事業貢献度が高いです。

認知を拡大したい

SEOは認知の拡大にも有用です。売上げの場合と同様に、認知の拡大でも**「誰に」「どのように」認知をしてもらいたいかで狙うべきキーワードは異なります**。

例えば「SEOに取り組む方に」「SEOといえば、LANY」と認知してもらいたい場合と、「SEOを含むデジタルマーケティング全般に取り組む方に」「デジタルマーケティングといえば、LANY」と認知してもらいたい場合とでは、狙うべきキーワードや取るべき戦略は違ってきます。

前者であれば、SEO関連のキーワードで、SEOに関する内容の記事コンテンツをたくさん作るのがよいかもしれません。後者であれば、SEO以外にもインターネット広告やCRM、メールマーケティングなど、各種デジタルマーケテティング全般のキーワードに対して、それらの専門性が伝わる記事を作っていくのがよいでしょう。

まずは**SEOを通して何を成し遂げたいかの「目的」**は、時間を使ってていねいに絞り込んでいきましょう表1。目的を細かくブレイクダウンしていくと、対策すべきキーワードが自ずと見えてきます。さらに、**「誰に」「どのように」**認知してもらいたいかも明確にしていきます。

表1 サイトタイプ別の目的例

サイトタイプ	目的の例
記事型メディア	・ニュースメディアで、記事の閲覧数を増やして広告収益を高めたい ・アフィリエイトメディアで、記事経由での商品購入数等を増やし、収益を高めたい
データベース型サイト	・ECサイトで、サイト経由で商品購入点数を増やしたい ・求人ポータルサイトで、求人への応募数を増やしたい
BtoB型サービスサイト	・製造業のサイトで、営業に渡せる見込み客のリードを増やしたい ・SaaSプロダクトサイトで、無料トライアルユーザーを獲得したい
店舗型サービスサイト	・店舗に来店する人を増やしたい ・エリアでの認知を高めたい
CGMサイト	・口コミサイトで、有料会員数を増やしたい
多言語サイト	・展開している地域経由での、各種コンバージョンを増やしたい

ワンランク上のSEO(まとめ)

チームでSEOに取り組む場合は特に「目的」が重要。誰が見ても解釈がぶれないように言語化しよう。

Chapter 2-02

キーワード戦略を設計する①
キーワード調査

サマリー

キーワード戦略をどこまで突き詰めて考えられたかで、SEOの成果は大きく左右されます。目的を達成するために必要なキーワードをどのような観点から洗い出し、対策優先度を決めるべきか解説します。

■ 狙うキーワード群は様々な要素を考慮して決める

目的が決まったら、その目的に沿ったキーワード戦略を設計しましょう。**キーワード戦略が適切に設計**されていなければ、どれだけよいSEOの戦術を実行したとしても、思うような成果を創出することはできません。そのため、キーワード戦略の設計では「**どのキーワード（キーワード群）を、どういった優先度で狙っていくのか**」を決めます。

自社のサイト（ドメイン）の強さや、参入領域の競合サイトの強さ、キーワードごとの検索ボリュームなどの様々な要素を総合的に判断して、適切なキーワード戦略を定めます。

ポイント

キーワード戦略が甘いと、その先にどれだけ高品質なページを作ってもドメインを強化しても努力が報われません。

実際にLANYがキーワード戦略を設計する上では、次のようなことを行います。

- キーワード調査→本節
- キーワード設計→Chapter2-03
- コンバージョン設計→Chapter2-04
- シミュレーション→Chapter2-05

具体的な手法レベルのキーワード選定についてはChapter4-01・02（→P.216〜231）で紹介しますので、ここではキーワード選定の大枠の流れをつかんでください。

■ キーワード調査

キーワード調査では自社の現状分析だけでなく、**競合の調査や市場・領域の調査**も必要です。一口にキーワード調査をいっても、次のような調査を行います。

- 自社サイトの獲得キーワード調査
- 競合サイトの獲得キーワード調査
- 狙う領域・市場のキーワード調査
- キーワードの検索ボリューム調査
- 自社・競合のキーワードの順位状況調査
- キーワードごとの検索結果調査（キーワードの検索意図調査）

それぞれを行う目的と見るべきデータを述べていきます。

自社サイトの獲得キーワード調査

現状を正しく把握するために、**まずは自社・競合がどのようなキーワードを獲得できているか**を調査します。自社がすでに獲得できているキーワードの場合には、新規でページを作って対策をする必要はなくなります。自社の獲得キーワードはSearch Consoleで確認できます。

競合サイトの獲得キーワード調査

競合が獲得しているキーワードは、競合が同じくキーワード選定を行って出した「**事業貢献するであろうキーワード**」である可能性が高いため、自社にとっても必要と思えるキーワードであるなら、高い優先度で対応すべきキーワードになるでしょう。

SEOに慣れてくると競合の流入キーワードを見れば、逆引き的に競合のキーワード戦略もある程度見えてくるようになります。競合の獲得キーワードはAhrefs[※1]やSEMRush[※2]などのサードパーティの分析ツールで確認可能です。

狙う領域・市場のキーワード調査

自社も競合も獲得はできていないものの、サイトの目的に合致するキーワードは市場にはまだ多く存在するはずです。ラッコキーワード**図1**などのツールを使いながら、メインで対策したいキーワードを主軸としたときの「関連キーワード」なども可能な限り合わせて抽出しましょう。

キーワード選定の後工程でいくらでもキーワードを絞ることはできるため、まずは**可能な限り広く、多くのキーワードを洗い出す**ことで、ポテンシャルのあるキーワードの見落としを防ぎましょう。

ポイント

キーワード戦略設計で大切なのは抜け漏れなく洗い出し切る姿勢です。可能な限り多くのキーワードを洗い出しましょう。

※1 被リンク分析や競合サイトの調査が行えるSEO分析ツール（https://ahrefs.jp/）。
※2 SEO、広告、SNSなどのデジタルマーケティング領域で競合分析を行える分析ツール（https://semrush.jp/）。

図1 ラッコキーワード

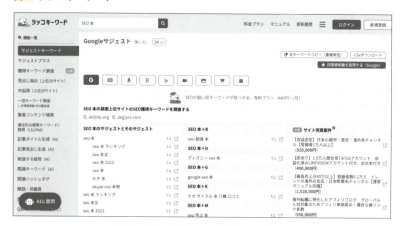

▲無料で利用できるキーワード分析ツール（https://rakkokeyword.com/）

キーワードの検索ボリューム調査

　洗い出したキーワードそれぞれの検索ボリュームは、Googleのキーワードプランナーを活用して取得するか、先ほど紹介したAhrefsやSEMRushなどの分析ツールを活用して抽出します図2。

　検索ボリュームを抽出して検索回数が0のキーワード（≒まったく検索需要がないキーワード）は、対策キーワードから外しても問題ありません。ただ、考え方によっては、ツールには表れていないだけで、実は数回程度は検索されている可能性も捨て切れません。もし自分が検索ユーザーだとして**「検索する可能性がありそう」**かつ**「事業貢献度が高そう」なキーワード**であれば、あえて対策リストに入れるのもおすすめです。

> ポイント
>
> このように、ツールからは見つけにくいけれど、事業貢献する可能性のあるキーワードを「お宝キーワード」と呼びます。

図2 検索キーワードの絞り込み前（上）、絞り込み後（下）

	A	B	C	D	E	F	G
1	Keyword	Volume	自社	競合A	競合B	競合C	競合D
2	sns	450000	0	0	71	0	0
3	フリー フォント	368000	0	0	0	5	0
4	to be	301000	0	0	0	59	0
5	tuitta	246000	0	76	0	0	0
6	フォント	201000	0	0	0	55	0
7	他の人はこちらも検索	201000	0	3	0	5	0
8	文字数	201000	0	0	0	51	30
9	vlookup	135000	0	0	0	0	34
10	ツイッター ログイン	135000	0	94	0	0	0
11	ツイッターログイン	135000	0	99	0	0	0
12	マイ ビジネス	135000	0	0	0	11	0
13	ip アドレス	110000	0	0	0	0	97
14	サーチ コンソール	110000	21	4	14	64	62
15	ライン ワークス	110000	0	18	0	0	0
16	goonet	90500	0	0	0	0	48
17	kpi	90500	0	0	37	46	36
18	インフル エンサー	90500	0	0	0	11	0
19	スパム	90500	0	0	0	97	0
20	スパム とは	90500	0	0	0	7	0
21	パスワード マネージャー	90500	0	0	0	47	0
22	ピクトグラム	90500	0	0	0	38	0
23	フリー アイコン	90500	0	0	0	40	0
24	文字 フォント	90500	0	0	0	28	0

	A	B	C	D	E	F	G
1	Keyword	Volume	自社	競合A	競合B	競合C	競合D
2	サーチ コンソール	110000	21	4	14	64	62
3	seo	49500	32	1	7	23	2
4	google search console	40500	51	4	43	80	81
5	seo 対策	27100	41	2	4	19	3
6	google サーチ コンソール	22200	35	4	11	61	71
7	seo とは	22200	10	5	19	25	8
8	オウンド メディア	14800	39	2	3	8	6
9	cvr	12100	48	59	31	23	3
10	seo 対策 とは	9900	15	1	3	16	2
11	オウンド メディア とは	6600	35	1	4	14	11
12	コンテンツ マーケティング	5400	86	1	4	11	3
13	google コンソール	3600	41	3	14	84	69
14	seo ツール	3600	80	7	9	24	3
15	lpo とは	2400	69	16	6	36	62
16	ymyl	1900	42	15	91	33	23
17	コンテンツ seo	1900	12	4	2	18	7
18	seo ライティング	1600	6	7	1	19	2
19	seo 対策 やり方	1600	52	6	16	13	5
20	seo キーワード	1300	29	72	11	38	20
21	サーチ コンソール とは	1300	36	6	4	25	31
22	seo 記事	1000	7	81	2	1	3
23	オウンド メディア 成功 事例	1000	36	79	4	3	38
24	google seach console	880	49	4	39	68	71

▲複数競合が獲得しているキーワードは対策優先度が高いと判断し、残すようにする

　キーワードのボリューム調査の注意点としては、利用するツールによって検索ボリュームの値は少しずつ異なるため、後工程でキーワードごとの優先度をつける際に判断軸にブレがないよう、**検索ボリュームの**

抽出に使うツールは一つに絞りましょう。

自社・競合のキーワードの順位状況調査

　キーワードごとの検索順位については、GRC[※3]やAWR[※4]（Advanced Web Ranking）などの順位取得ツールを利用して取得しましょう。順位取得ツールは基本的に有料になりますが、SEOに取り組む上でなくてはならない存在になるため、可能であれば契約することをおすすめします。1度きりの順位取得の調査だけでなく、今後対策を進めていく際のモニタリング（定期的なサイトの順位状況チェックなど）にも活用できます。

　自社ですでに高い順位を取れているキーワードは新しいページで対策する必要はありません。ただし、「順位は取れているものの50位以下」などの低順位帯のキーワードについては、そのページがきちんと該当のキーワードを対策しているページかどうかを目視で確認しましょう。

ポイント

　対策していないのにたまたま順位がついていた場合、キーワードリストに追加して別途対策するページを作りましょう。

　この辺りの細かい微調整の精度が、サイト全体の品質向上にも繋がるため、キーワード選定のフェーズでは、究極のところ、**1つ1つのキーワードを目視で確認するような気概でていねいに行いましょう。**

※3 検索エンジン表示順位の調査・追跡ツール（https://seopro.jp/）。
※4 検索キーワードに対する自社サイトの表示順や競合との比較などが行える調査ツール（https://www.advancedwebranking.com/）。

キーワードごとの検索結果調査（キーワードの検索意図調査）

　キーワードごとの検索結果がどのようになっているかの調査も行います。目的としては、**自分たちのサイトでは上位表示を目指すことのできないキーワードを対策リストから弾く**ためです。

　検索結果には、Googleがキーワードの検索意図をどのように解釈しているかが表れています。検索結果を見て自分たちに満たすことのできない検索意図のキーワードであれば、工数をかけても成果に繋がらないため、対策しない選択を取るようにしましょう。

　例えば、**ECサイトしか上位表示されていないキーワードに対して記事型メディアで上位表示を目指すことは不可能**ですし、YMYL領域のように公的機関しか上位表示されていないキーワードに対して個人ブログが上位表示をすることはできません。

　具体的なやり方は割愛しますが、「**同じサイトタイプの競合が上位表示を取れているキーワードであれば対策可能とする**」といった判断基準があると、効率的に対策可否を判断しやすくなるのでおすすめです。

　先ほど取得した競合の検索順位データを活用すれば、Excel作業で一瞬で判断可能です。ここまでの各種調査によって、自社で対策すべきキーワードの一覧を洗い出すことができたら、次の「キーワード設計」のステップに進みましょう。

ワンランク上のSEO（まとめ）

キーワード選定は1つ1つ目視でていねいに確認し、高い精度で取捨選択を行う。

Chapter **2-03**

キーワード戦略を設計する②
キーワード設計

サマリー

自社が対策すべきキーワードをもれなく選定できたら、どのキーワードをどのページで対策するのかマッピングします。また、キーワードの対策ページ群を作るために内部リンクをどのように繋ぐか設計しましょう。

■ キーワードマッピング

キーワード設計のフェーズでは、次の内容を実施します。

・キーワードマッピング
・対策ページごとの内部リンク設計

キーワードマッピングは、どのキーワードをどの対策ページで取得するのかのマッピングを指します。SEOでは、**1ページで複数個のキーワードを対策する必要があります**。キーワードマッピングを行えば、どのキーワードをどのページで対策するのか、またどれだけの数のページを作ればよいのかの設計図が完成します。

具体的なイメージは、次の**図1**のような形です。

図1 キーワードマッピングのイメージ

No.	メインキーワード	メインKWの検索ボリューム	サブキーワード	サブKWの検索ボリューム	目標順位	想定流入 各KW/月	合計/月
1	○○	4,000			1	800	
			××	800	2	120	1,019
			××	600	4	72	
			××	300	5	27	
2	○○	3,900			2	780	
			××	800	3	120	999
			××	600	5	72	
			××	300	6	27	
3	○○	3,800			1	760	
			××	800	2	120	979
			××	600	4	72	
			××	300	5	27	
4	○○	3,700			4	740	
			××	800	5	120	959
			××	600	7	72	
			××	300	8	27	
5	○○	3,600			5	720	
			××	800	6	120	939
			××	600	8	72	
			××	300	9	27	
6	○○	3,500			3	700	
			××	800	4	120	919
			××	600	6	72	
			××	300	7	27	
7	○○	3,400			9	680	
			××	800	10	120	899
			××	600	12	72	
			××	300	13	27	
8	○○	3,300			10	660	
			××	800	11	120	879
			××	600	13	72	
			××	300	14	27	
9	○○	3,200			5	640	
			××	800	6	120	859
			××	600	8	72	
			××	300	9	27	

　図1のように1つのページで対策するメインキーワードとサブキーワードを整理できます。このマッピングがないと、キーワードのカニバリが発生するおそれが極めて高くなります。

> **WORD**
>
> **カニバリ**
> キーワードカニバリゼーションのことで、「自サイトの複数ページが「同一検索キーワード」「同一検索意図」に対して競合し合っている状態のこと。

　具体的なマッピングのやり方は、簡単ではありますがChapter4-02（→P.221）で解説します。

対策ページごとの内部リンク設計

キーワードのマッピングが完了したら、対策ページが何ページになるのかが可視化されます。SEOでは、対策ページの順位を上げるためには、**対策ページ単体の力だけではなく、「対策ページ群」として一定のまとまりで対策する**必要があります。この対策ページ群は、内部リンク構造で設計します。

記事型メディアであれば、Chapter4-06（→P.258）で後述するトピッククラスターモデル**図2**などが有名です。データベース型サイトであれば、ツリー構造**図2**と呼ばれる形が基本となります。基本的な概念としては、**評価を高めたいページに相対的に多くの内部リンクが集まるような構造**にしてあげることが大切です。

図2 トピッククラスターモデルとツリー構造

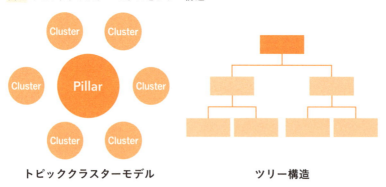

トピッククラスターモデル　　　　　　ツリー構造

ページ間を適切な設計で内部リンクを結び合うことで、よりよいサイト構造に仕上げることが可能です。具体的なやり方は割愛しますが、マインドマップツールなどを活用して、記事同士のリンク構造を可視化してもよいですし、スプレッドシートで内部リンク構造を管理してもよいでしょう。LANYではサイトの内部リンク構造を可視化するための、内製で作ったスプレッドシート上のツールがあります**図3**。このツールを

使って記事同士のリンク構造を可視化し、内部リンクを管理しやすい状態にしています。

図3 内部リンク解析シート

対策キーワードを網羅的に選ぶだけでなく、事前に内部リンクの設計まで完了させておくことで、サイトの完成図もでき上がり、迷いなくページの作成に移ることができるようになります。

ワンランク上のSEO（まとめ）

キーワード設計を行うことでSEOに最適化されたサイト構造に整理できる。

Chapter 2-04

キーワード戦略を設計する③
コンバージョン設計

サマリー

キーワード設計もできたら、コンバージョン設計まで行えるとSEO施策の効果は高まります。コンバージョンの設計には、カスタマージャーニーマップの作成とコンバージョンポイントの設定が必要です。それぞれのやり方を解説します。

■ カスタマージャーニーマップの作成

コンバージョンの設計では、下記の2つを行います。

・カスタマージャーニーマップの作成
・カスタマージャーニーごとのコンバージョンポイントの策定

　カスタマージャーニーマップは、見込み客がサービスの利用や製品の購入に至るまでのプロセスをまとめたものです。表1がその例になります。

　カスタマージャーニーマップを作成して、フェーズごとに選定したキーワードをマッピングしましょう。実際の見込み客にヒアリングをしたり、デスクリサーチをしたりしながら作ってもよいですし、最近だとChatGPTなどの生成AIに壁打ちをしながらでも、ある程度の品質のものが作成できるようになっております。自社にあったやり方で作ってみてください。

表1 カスタマージャーニーマップ（例：集客施策としてSEOを検討）

関心・課題の遷移	①集客全般	②SEOの概論	③SEOの具体策	④SEOの外注	⑤比較／選定
検討の状態	集客について課題があり、これからの集客方法について情報収集している。	集客方法としてSEOがあると知る。よいものがあれば、今後の施策として検討したい。	SEOで、まずは自社で何が行えるか、行うべきかの検討。	自社で検討したが、専門性や工数の観点から外部への相談を考えている。	購買（リプレイス）
ユーザー心理	現状の集客方法がうまくいっていない。これから力を入れたい。	まずは基礎知識から知りたい。	どうやってSEOを行うのか知りたい。	SEOのサービスでよいものを知りたい。	○○であれば、費用対効果に見合うと感じ、確信する。
検索キーワード例（ユーザー行動）	・マーケティング種類 ・マーケティングやり方	・SEOとは	・SEO対策 方法 ・SEO記事 書き方	・SEO記事 代行 ・SEO コンサルティング	「指名検索」
CV（問い合わせ）のしやすさ	×	×	△	○	◎
具体策	SEO記事	SEO記事	SEO記事	・サイトトップ ・サービス概要ページ	サイトトップ
CVポイント	ホワイトペーパー	ホワイトペーパー	お問い合わせ 資料のDL	お問い合わせ 資料のDL	お問い合わせ 資料のDL

■ カスタマージャーニーごとのコンバージョンポイントの策定

　カスタマージャーニーのフェーズごとにコンバージョンポイントを設計しておくと、サイト全体でのコンバージョン数の増加に繋がります。特にBtoB領域のようなコンバージョンまでのリードタイムがある程度

長い領域で効果的です。まだ広く浅く情報収集しているフェーズではホワイトペーパーダウンロードなどでリード情報の獲得だけにとどめ、比較検討フェーズでは資料請求やお問い合わせの獲得をコンバージョンポイントにするなど使い分けます。

　サイトタイプによってはカスタマージャーニーマップが不要な場合もあるため、必要に応じて作成するようにしてください。

ワンランク上のSEO（まとめ）

コンバージョンに至るまでの各フェーズに適したアプローチとキーワードを可視化する。

Chapter **2-05**

キーワード戦略を設計する④
シミュレーション

サマリー

キーワードを選んだ後には、対策優先度を策定するためにシミュレーションも行いましょう。目標順位を獲得した場合の想定セッション数や想定コンバージョン数といった成果に与える影響を概算し、優先度を決めます。

■ シミュレーションで必要なこと

シミュレーションを行うためには、次のことを行います。

・キーワードごとの想定順位の概算
・SEO経由の想定流入数の概算
・SEO経由の想定コンバージョン数の概算
・キーワードごとの対策優先順位の策定

シミュレーションの詳細なやり方については、Chapter4-02（→P.221）で解説しますので、ここでは簡単にご紹介します。

キーワードごとの想定順位の概算

洗い出したキーワードごとの想定順位を概算しましょう。キーワード数が少なければ目視で確認しながら行ってもよいですし、キーワード数が多ければベンチマーク競合を決めて、キーワードの順位取得で抽出したベンチマーク競合の順位データを想定順位としてもよいでしょう。

SEO経由の想定流入数の概算

順位が想定できれば、推定のクリック率（CTR）が算出できます。そ

の値を検索ボリュームに掛け合わせることで、どのくらいの想定流入数が獲得できるのかの概算が可能です表1。

例えば「SEOコンサルティング（月間検索ボリューム：2,900）」というキーワードの想定順位を3位に設定する場合、3位表示の推定CTRは各社調査データにもとづいて8.4%と設定できるため、想定流入数は次のように概算できます。

> ・検索ボリューム×推定CTR＝想定流入率
> ・2,900 × 0.084 ＝ 243.6

SEO経由の想定コンバージョン数の概算

キーワードごとの想定コンバージョン率を想定流入数に掛け合わせることで、想定コンバージョン数が算出できます。想定コンバージョン率は、先ほどのカスタマージャーニーマップのフェーズごとに決め打ちで設定してもよいでしょう。

表1 キーワードごとに検索ボリュームや想定順位をまとめる

キーワード	検索ボリューム	想定順位	推定CTR	想定流入数	想定CVR	想定CV数	対策優先度
SEOコンサルティング	2,900	3	8.40%	243.60	2.00%	4.9	1
SEO	49,500	10	1.23%	608.85	0.50%	3.0	2
被リンク　獲得方法	390	1	26.80%	104.52	1.00%	1.0	3
SEO　外注	390	2	13.19%	51.44	1.50%	0.8	4
SEO　キーワード選定	720	3	8.40%	60.48	1.00%	0.6	5
トピッククラスターモデル	210	1	26.80%	56.28	0.50%	0.3	6
オウンドメディア　SEO	260	3	8.40%	21.84	1.00%	0.2	7
内部リンク　貼り方	140	2	13.19%	18.47	0.50%	0.1	8

Chapter2-05 シミュレーション

キーワードごとの対策優先順位の策定

想定コンバージョン数が出たら、その多い順に対策優先度を振っていきましょう。いわば想定コンバージョン数が期待値になっているため、期待値の高い順に対策をしていけば大きな間違いはありません。

推定CTRの数字はゼロから算出するというよりも、各社が調査し公表しているデータ[※1]を活用することが多いです。

※1 AWR（→P.52）が出しているGoogle Organic SERP CTR Curveなどのツールを使って調査したもの。

ワンランク上のSEO（まとめ）

キーワード選定は莫大な労力がかかるフローだと割り切り、徹底的に考える。

Chapter 2-06

SEOの戦術を策定する

> **サマリー**
> 「選定したキーワードで目標順位を獲得できればコンバージョン獲得といった目的達成に繋がる」というロジックのもと、SEO戦術を策定しましょう。本節では基本的な戦術を解説します。

■ 目標順位を獲得するための6ステップ

　キーワード戦略が定まれば、どのようにそれらのキーワードでトラフィックを獲得していくかの戦術の策定に移ります。サイトタイプによって、大幅に戦術は異なってくるため、詳細な戦術はChapter3(→P.89〜)で解説しますが、この章では多くのサイトに当てはまる共通の戦術についてお伝えします。

　前節までで、キーワード別の想定流入数（目的によっては想定コンバージョン数）を算出しましたが、これは「**設定した目標順位に到達すれば、想定される流入数（コンバージョン数）が獲得できる**」というロジックにもとづいた計算です。

　したがって、SEO戦術では**「目標順位を達成する」ことをゴールに設定**したときに、そこに至るまでにクリアすべき項目は何で、クリアするために何をすべきなのか整理する必要があります。目標順位に到達するまでの戦術は、**図1**の項目に分けて考えます。

図1 目標順位を達成するまでのフロー

　SEOの話になると、検索順位を上げることに焦点が当たりがちですが、**実際には検索順位以前の課題も多くあります**。特に、ページ数が数万〜数億あるような大規模サイトであれば、検索順位以上に、クロールやインデックスの観点での課題が大きくなりがちです。

ポイント

SEOは検索順位を上げるだけが仕事ではありません。クロールやインデックスも含めてサイト全体を最適化しましょう。

　それぞれの項目の戦術の考え方をお伝えします。

■ Step1：ページを作る

まずは**キーワード戦略に対して対策ページが存在しないものを特定**して、どのようにページを作っていくのか検討し、SEOを意識して制作をしていきましょう。記事型メディアであれば、1記事ずつ作成します。

データベース型サイトであれば、検索軸の項目（求人なら「職種名＝営業」や「雇用形態＝アルバイト」、「エリア＝新宿駅」など）を検索マスタに追加したり、検索軸同士の掛け合わせルール（求人なら「職種×エリア＝営業　アルバイト」や「エリア×雇用形態＝新宿駅　アルバイト」など）を新たに作るなど、ページを生成する開発を行います。

基本的な内容にはなりますが、ページを作る際には次のことを意識してください。

- タイトルに対策キーワードを入れる
- 対策キーワードの検索意図に合致したページを作る

ポイント

低品質なページはGoogleにクロール・インデックスされにくく、SEOの成果も期待できないので注意しましょう。

■ Step2：ページをディスカバーさせる

Chapter1-01（→P.13）でも解説した通り、ページを作っただけですぐに検索結果に出てくることはありません。きちんとGooglebotなどにディスカバー（発見）させて、**クロール・インデックスしてもらい、はじめて検索結果に表示される**状態になります。

Googlebotがページのurlを発見することができなければ、そもそも

クロールすることは不可能です。ページをディスカバーさせるには、リンク経由・sitemap.xml経由・URL登録リクエスト経由の3種類があります表1。

表1 GoogleがURLを発見する方法

発見方法	対策
リンク経由	・発見してもらいたいページへの内部リンクを繋いであげる ・孤立したページにしない
sitemap.xml経由	・sitemap.xmlに新規ページを掲載してGoogleに即時的に伝える
URL登録リクエスト	・Search Console経由でGoogleにURL登録を行う

URLがディスカバーされているかどうかは、Search ConsoleのURL検査をすることで確認することが可能です図2。

図2 URL検査のインデックス登録結果画面

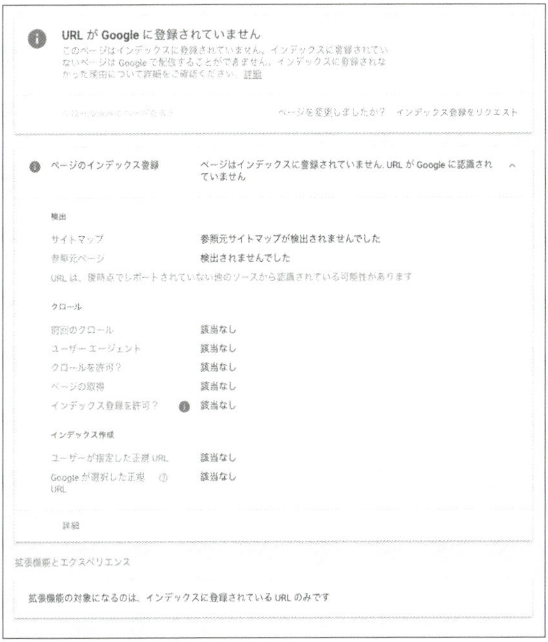

WordPressなどのCMS（コンテンツマネジメントシステム）を利用していたり、中小規模のコンテンツメディアを運営していたりといったケースであれば、ディスカバーのフェーズで悩むことは少ないですが、数百万〜数億ページを保有するような大規模サイトになるとURLがGoogleに発見されないケースが増えます。

　まずはURLをGoogleにディスカバーさせるところからスタートしますので、次のような施策を行いましょう。

- リンクを適切に繋ぐ（内部リンク・外部リンク）
- sitemap.xmlに掲載して送信する
- Search Consoleでインデックス登録リクエストを送る

　発見してほしいページへの内部リンクを適切に繋ぐことで孤立したページ（世の中のWebページのどこからもリンクが張られておらずたどり着けないページ）にしないことと、sitemap.xmlに新規ページを掲載してクローラーに即時的に伝えることが特に重要です。

■ Step3：ページをクロールさせる

　Googleはディスカバーしたページのすべてをクロールするわけではありません。Googleにクロールされているかどうかも、ディスカバー同様にURL検査ツールで確認することができます。**図3**のように「検出―インデックス未登録」となっている場合は、URLは発見されているものの、クロール（ページの中身の解析）はされていない状態です。

図3 URL検査ツールの「検出―インデックス未登録」画面

　クロールされていない要因には、サイトとしての「クロールバジェット」が足りていないパターンと、クロールバジェット自体は足りているが、そのページのクロール優先度が著しく下げられているパターンの2つがあります。

　基本的にはページ数が数十万～数千万レベルのサイトでなければクロールバジェットを気にする必要はありませんが、大規模サイトであればクロールの割当量であるクロールバジェットの中で、きちんとやりく

りをする必要があります。前者のクロールバジェットが足りないパターンの場合には、次のような対策を行います。

- サーバー応答やページ表示速度を速めて、物理的にクロールできる量を増やす
- クロールさせる必要のない不要なページを制御する（削除・noindexなど）
- 被リンクの獲得などのドメイン評価を高めることで、クロールデマンド（需要に即したクロール割当量）を増やす

後者のクロールの優先度が著しく下げられている場合には、次のような対策を行います。

- 内部被リンクを増やすことで、ページの相対的重要度をクローラーに伝える
- titleタグなどのhead要素を充実化させてクロールを促進する

細かい要因仮説や対策方法を挙げればキリがないですが、クロールされていないということは基本的にはページの中身の問題ではなく、**GoogleがURLなどの情報のみから読み解ける範囲でクロールする必要がないと判断されている**ため、クロールの必要性を適切に伝える必要があります。そのため、**対象ページの相対的評価がサイト内で高いことを内部リンク構造で伝える**のが効果的です。

> **ポイント**
>
> 小規模サイトは、クロールをそこまで意識する必要はありません。逆に大規模サイトでは検索順位と同等以上に重要です。

■ Step4：ページをインデックスさせる

　ここ数年は、クロールされたにも関わらずインデックスされないページが様々なサイトで数多く散見されるようになりました。

　Googleのクロールリソースが有限なのと同時に、**インデックスサーバーの容量ももちろん有限**です。Googleがインデックスサーバーに格納をしておく必要性がないと判断された場合には、たとえクロールをしたとしてもインデックスされることはありません。どのようなページがインデックスされないのかというと次のようなページです。

- まったく検索需要がないページ
- 低品質なページ

まったく検索需要がないページ

　検索結果に表示されることがないページは**誰もその情報を求めていないとGoogleが解釈**し、インデックスから外します。実際にLANYがコンサルティングに入ったプロジェクトでも、一度はインデックスされたページが、一定の期間まったくGoogleで表示されなかったのちに、インデックスから外されてしまったケースを何度も目にしてきました。

　もちろん、検索需要がなくてもサイト内回遊でユーザーにとって必要なページというケースや、SNSなどの外部メディア経由でのトラフィックを集めるページになることもあるため、ページを削除する必要はないというのが、筆者の見解です。

　ただ、せっかく作ったのであれば何かしらSEO経由でも需要のあるキーワードにヒットするようにタイトルや構成を微調整してみたり、逆に検索結果経由でのトラフィックが不要なのであれば、noindexタグを設定してGoogleにインデックスさせないようにしてみてもいいかもしれません。noindexにすることで、そのページへのクロール数を減らす

ことができ、よりクロールしてもらいたい主要ページのクロール頻度が高まりますし、品質の高くないページをnoindexにしてGoogleに評価をさせないようにすることで、サイト全体のSEO評価の底上げにも繋がります。

低品質なページ

Googleがページの中身を解析した結果、インデックスする価値がないと判断した場合もインデックス登録はされません。Search Consoleのカバレッジレポートでは「クロール済み - インデックス未登録」というステータスになります。この状態になる原因は次の2つのどちらかの問題であることが多いです。

- サイト内・外で重複している（ユニーク性が低い）
- コンテンツ内容が薄い

「サイト内・外で重複している（ユニーク性が低い）」場合、記事であればサイト内や他サイトにある記事とほぼ同一の内容を書いているなどの要因で、インデックスされない可能性が高くなります。また、データベース型サイトであれば、自サイト内のリストページAとリストページBで紹介しているアイテムリストがほぼ同一の場合などもインデックスされづらかったりします。

ポイント

つまり、そのページだからこそ提供できる価値がなければインデックスされる可能性が低くなります。

「コンテンツ内容が薄い」場合は、記事であれば情報量（文章や画像、独自の情報）が非常に少ないようなページだったり、データベース型サイトでは、リストページで紹介されているアイテム数が1件や2件しかない

ようなページなどが該当します。

　低品質なページには明確な定義がないため、SEO担当者として頭を悩ませる大きな問題の一つですが、まずはクロールされたにも関わらず**インデックスされていないページ群がどれくらいあるのかの調査・可視化**からはじめましょう。課題として大きそうであれば、インデックスされているページとされていないページを比較分析をし、要因を仮説立ててみてください。低品質なページの詳細な定義や対策方法はChapter4-10（→P.280）で解説しますので、そちらも合わせて参考にしてください。

ポイント

Googleがインデックスするに値する品質のページのみを作っていきましょう。

　ちなみに、ほかのサイトが自社サイトの記事を丸ごとコピーをし、自社のオリジナル記事が重複判定を受けてしまっているケースは、Googleが提供している「法的な理由でコンテンツを報告する[※1]」のWebページから申請することが可能です。

■ Step5:PLPを一致させる

　PLPとは「Preferred Landing Page」の略称で、**優先的に検索結果に出したいランディングページ**を指します。SEOでは、適切なPLPを定め、検索キーワードとランディングページの内容を一致させるほうが、基本的にはユーザーの検索ニーズに合致する可能性が高くなるため、順位も流入後のユーザー行動もよくなります**表2**。よって、インデックスされたページが、**きちんと対策しようとしている検索キーワードで表示されているか**もモニタリングしてください。

[※1] https://support.google.com/legal/answer/3110420?hl=ja

表2　PLPが一致している・していないの具体例

検索キーワード	PLP	検索結果に表示されたランディングページ	PLP判定
バイト	example.com/バイト/	example.com/バイト/	○
新宿 バイト	example.com/バイト/新宿/	example.com/バイト/新宿/カフェ/	×
新宿 バイト カフェ	example.com/バイト/新宿/カフェ/	example.com/バイト/新宿/カフェ/	○
新宿 バイト カフェ 未経験	example.com/バイト/新宿/カフェ/未経験/	example.com/バイト/新宿/カフェ/	×

　表2の例でいえば、「新宿　バイト」のキーワードに対して新宿のバイトが一覧で掲載されているページを表示させたいにも関わらず、新宿のカフェのバイトが一覧で掲載されているページが検索結果に表示されてしまっているため、PLPが一致していないということになります。

　PLPが不一致になると、検索者の検索意図ともズレるため、検索順位が上がりづらくなります。また、流入をしたとしても、検索者が探したいアルバイトはカフェに限定されているわけではないため、アルバイトへの応募をコンバージョンとしている場合には、コンバージョン率は下がってしまうでしょう。

　このように、PLPが一致しないことによるSEO的なマイナス点は大きいため、日々の順位計測モニタリングでは、検索キーワードにおける検索順位だけでなく、PLPが一致しているのか否かも合わせてモニタリングをしていきましょう。

PLPが一致していない要因

　PLPが一致していない要因は、大きく次の2つが考えられます。

- PLPが検索キーワードの検索意図を満たしきれていない
- PLP以外のページの方が検索エンジンからの評価が高い

PLPがずれているということは、**別のページを表示させたほうがユーザーの検索意図に合致するとGoogleが判断している**ことになります。Googleが検索結果の多様性を担保するために、「新宿　バイト」のキーワードに対して新宿のバイト一覧だけでなく、カフェのバイト一覧や未経験OKの条件のバイト一覧を出すこともあるため、一概にPLPが検索意図を満たし切れていないとは言い難いのですが、基本的には検索意図が合っているページが検索結果に表示されるため、**PLPがずれているということは何かしら満たせていない検索意図がある**と考えましょう。

また、検索意図はPLPが意図通りに一致していたとしても、ほかのページがGoogleから検索結果に選ばれているのであれば、選ばれたページのほうが検索エンジンからの評価が高いこともあります。

具体的には、外部からの被リンクを多く受けていたり、内部リンクが多く集まっていたり、ページ内の情報量が多く充実しているなどです。その場合には、PLPの検索エンジンからの相対的な評価を高めるか、PLPではないページの相対的な評価を下げる必要があります。外部リンクの調整は難しいため、内部リンク構造によって相対的な評価で劣位になっている可能性が高ければ、内部リンク構造を調整してあげたり、ページ内の情報量差分をなくしてあげたりしましょう。

ポイント

PLPの一致率を一つの中間KPIとして設定し、定期的に計測するのもおすすめです。

Step6：目標順位に到達させる

PLPが一致した後には、目標順位を目指して改善を行いましょう。Chapter1-02〜04（→P.20〜42）の検索アルゴリズムや検索品質評価ガイドラインで紹介したSEOの評価要因を大別すると、次の3項目が重要にな

ります。

- Needs Met
- Page Quality
- ユーザービリティ

　この3項目の評価を高めるためにSEOのベストプラクティスを実践していきましょう。Needs Metを高めるためには、Chapter1-03（→P.29）で述べた通り、検索意図を明確に理解し、それに対し明確に答えられるようなコンテンツを制作することが重要です。
　また、Page Qualityを高めるためにはE-E-A-Tに考慮した情報発信が求められます。ユーザビリティを高めるためには1人のユーザーとして、自分のサイトが使いやすいかどうかを考え、使いやすくなるように改善をしていくとよいでしょう。

ワンランク上のSEO（まとめ）

Googleに「インデックスする価値のあるページ」であることを適切に伝える工夫をする。

Chapter **2-07**

SEOの戦術を実行する

サマリー
SEOで成果を出すためにはステークホルダーを巻き込んだ上で、策定した戦略・戦術をスピーディーかつ高精度で実行することがカギになります。本節では実行体制を構築し、動かすためのフローを解説します。

■ SEOの戦術を実行するための4ステップ

目的に沿って最適なキーワード戦略を描き、戦略を実現するための戦術を策定することができたら、実行に移しましょう。

昨今のSEOは、本書も含めて、ベストプラクティスに多くの人がアクセスできるようになったため、戦略や戦術の部分ではあまり差がつきません。**描いた戦略と戦術をどれだけスピーディーかつ高精度で実行できるかの部分で差がつきます**。実行体制を構築して動かしていくところも含めて、SEOの戦術を実行する上では、次のフローで取り組むことが必要になります。

① KGI・KPIを設定する
② 実行体制を構築する
③ 実行計画を引く
④ 実行する

■ Step1:KGI・KPIを設定する

戦術を実行する際に、まずはKGIとKPIを定めましょう **図1**。

図1　KGIとKPI

　最初に設定した、SEOの目的（→P.44）を達成したといえる指標をKGIに落とし込みます。例えば、「BtoBのサービスで、営業に渡せる見込み客のリードを増やすこと」が目的だった場合には、営業に渡せる見込み客のリードを定義し、その定義に沿ったリードの獲得数がKGIになるでしょう。KGIを設定する際には、時間軸と共に設定するのがおすすめです。1年後にリード獲得数を月間30件にするなどです。

　KGIを達成するための中間指標としてKPIも設定しましょう。中間指標は複数設定してもいいですが、LANYでよく用いるのは、**キーワード戦略設計で定めたキーワードの検索順位の目標達成率**です。SEOの施策上、対策キーワードの検索順位は非常に追いかけやすく明瞭です。キーワードごとの検索順位をモニタリングし、目標順位を達成したキーワードの数が増えたかどうかで施策の成果を評価します。

　ただ、大規模なデータベース型サイトであれば、インデックス数が重要になるため、重要ページのインデックス数やインデックス率で設定することもあります。ニュースメディアのように対策キーワードを明確に設定しすぎずに運用するメディアであれば、シンプルにセッション数とすることもあります。

　KGIとKPIがなければ、実行している施策が良いのか悪いのかの評価

をすることができず、振り返りやPDCAを回すことができません表1。適切なKGIとKPIを定め、プロジェクトに関わるメンバー全員でその目標指標の達成に向けて動ける状態になるところを、実行の第一歩としましょう。

表1 KGI・KPIの具体例

目的	営業に渡せる見込み客のリードを増やす
KGI	従業員数30名以上の企業のリード獲得数を月間30件獲得する
KPI	対策キーワードの検索順位の目標達成率80%

ポイント

よいKPIを定めることで、プロジェクトの進みがよくなります。納得のいくKPIをていねいに設計しましょう。

■ Step2：実行体制を構築する

KGIとKPIが定まったら、実行体制を構築しましょう。例えば、BtoB領域の記事型メディアで次のような戦術を描いているとします。

- 新規記事の作成
- 既存記事のリライト
- 広報PR活動を通した被リンク獲得
- 記事内のCTA（Click to Action）改善によるCVR改善
- 資料ダウンロードフォームやお問い合わせフォームの改善
- 構造化マークアップの実装や表示速度改善などのテクニカル施策

その場合には、必要な人材は表2のようになります。

表2 BtoB記事型メディアに必要な人材と役割

必要な人材	役割
PM (プロジェクトマネージャー)	・プロジェクトの全体進行管理 ・KPIマネジメント
ディレクター	・記事や施策等の各種ディレクション
ライター	・新規記事の作成 ・既存記事のリライト
施策のプランナー	・CVR改善施策の企画 ・SEO改善施策の企画
広報PR	・広報PR活動を通した被リンク獲得
デザイナー	・CTAやサイトパーツのデザイン
エンジニア	・CTAやサイトパーツの実装 ・サイトの運用保守

　どの程度のスピード感でKGI・KPIを達成する必要があるのか、人件費を含めたプロジェクトの予算がどのぐらいの規模で組めるのかによって、プロジェクトメンバーの稼働割合も変わってくるはずです。記事を月間20本程度作成していくのであれば、おそらくライターは3〜4名程度は必要でしょうし、そこまで制作・開発の関わる施策がなければ、エンジニアの工数は0.5人月（1ヶ月の稼働の半分程度）でも問題ないかもしれません。戦術とKGI・KPIの高さと達成までの期間によって、適切なプロジェクト体制を組みましょう。

■ Step3:実行計画を引く

　実行計画はロードマップとも呼ばれ、プロジェクトの大まかな計画とスケジュールを可視化する工程表を指します。実行計画を可視化してプロジェクト内で共有することで、多くのステークホルダーで目線を合わせることができ、何を行えばKGIが達成されるかをイメージしやすくなります。プロジェクトごとにどの程度の粒度で実行計画を策定すべきかは異なりますが、簡易的な粒度で示すと**図2**のような形になるでしょう。

Chapter2-07 SEOの戦術を実行する

図2 ロードマップのイメージ図

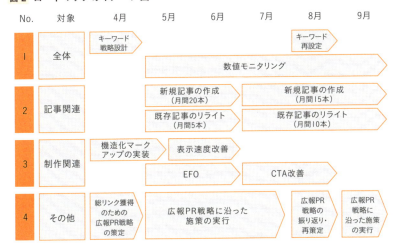

もう1段階詳細な実行計画を引く場合も多く、LANYのSEOコンサルティングプロジェクトでは図3のような粒度で実行計画を策定し、プロジェクトメンバーと共有するケースもあります。

図3 LANYで策定しているロードマップ例

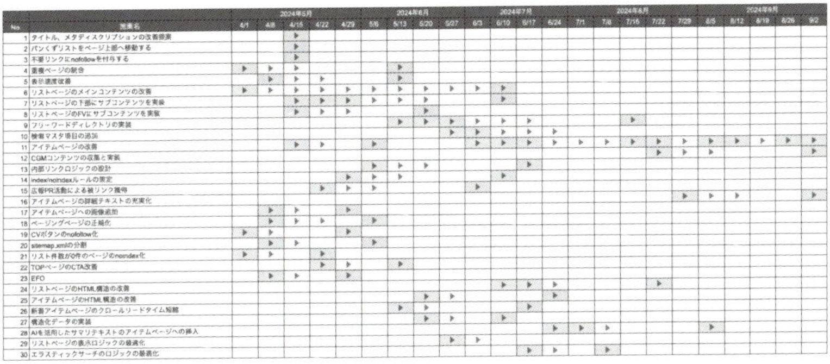

プロジェクトが失敗するケースでは、計画がていねいに立てられていないか、立てた計画を適切に実行できていないかのどちらかに原因があるケースが多いです。まずは戦術が適切なスケジュールで実行されていくよ

うに、実行計画を引いて、プロジェクトメンバーで目線を合わせましょう。

SEOはアルゴリズム変動も多いため、**実行計画は進めていく中で適宜調整を繰り返しましょう**。

■ Step4：実行する

実行計画が立てられたらプロジェクトメンバー全員で実行していきましょう。先ほど述べた通り、**立てた計画が適切に実行できておらず、プロジェクトが失敗する**ことも多いです。元々の実行計画に無理があった場合もあれば、プロジェクトマネジメントがきちんと機能しておらず、うまく実行が進んでいないケースも多々あります。

そのため、誰がプロジェクトマネージャーとしてプロジェクトの実行計画のデリバリーに責任を持つのかを明確にすると同時に、週次などで計画進捗を確認する会議体を設けるのもおすすめです。その場合、次のようなアジェンダで進めるとよいでしょう。

・KGI・KPI進捗の確認
・実行計画の進行確認
・課題や打ち手の議論

次節でも述べますが、プロジェクトがうまくいっているかを判断するには「数値進捗」と「実行計画の進捗」の両面からモニタリングし続けられる体制を構築することが重要です。適切な体制と、適切な計画があり、適切に実行していければ、初期に描いた戦略と戦術が大きくずれない限り、自ずと成果に向かっていけるはずです。

ワンランク上のSEO(まとめ)

よい戦略があっても、実行できなければ成果は出ない。実行まできちんとやり切ること。

Chapter 2-08

数値モニタリングと改善サイクル

サマリー
一度引いた計画だけを遂行してKGIやKPIが達成されるケースは極めて稀です。定期的に数値モニタリングを実施して、改善サイクルを回すことが重要です。ここでは数値モニタリングで見るべき項目や考え方を解説します。

■ 数値モニタリングを改善アクションに繋げる

戦術を実行するフェーズに入ったら、定期的に数値モニタリングを実施して、改善サイクルを回すことが重要です。事前に莫大な時間と労力をかけて分析をした戦略をそのまま実行したとしても、**計画通りにKPIやKGIが達成できることはあまり多くありません**。

なぜなら、SEOは競合とのシェアの奪い合いである性質も強く、競合が何もせずに止まっていることはまずないからです。競合も自社と同じように改善を進めてくる中で、それよりもさらに上手（うわて）の改善をし続け、より大きな成果を上げていかなければいけません。実行のフェーズでも述べたように、計画がうまくいっているかを数値面でも定期的に確認（モニタリング）しましょう。

数値モニタリングの目的は数値を見ることではありません。数値を解釈し、改善のアクションに繋げることが重要です。

■ 数値モニタリングで見るべき項目

例えば、LANYが運営しているオウンドメディアでは、**表1**のような指標をモニタリングしています。

表1 オウンドメディアのモニタリング項目

No.	指標	対象	利用ツール	更新頻度
1	コンバージョン／セッション数	自社	GA4	週次／月次
2	主要対策キーワードの平均順位・順位分布	自社	SEMRush	日次
3	主要対策キーワードの平均順位・順位分布	競合	SEMRush	週次
4	サイト全体のインデックス数	自社	Search Console	週次
5	ページ表示速度	自社	PageSpeed Insights	日次
6	参照ドメイン数	自社／競合	SEMRush	月次
7	被リンク数	自社／競合	SEMRush	月次
8	AR（ドメインの力を測る指標）	自社／競合	SEMRush	月次
9	クロール数	自社	Search Console	週次
10	主要対策キーワードのPLP一致率	自社	SEMRush	週次
11	サードパーティツールベースのオーガニックトラフィック数	自社／競合	SEMRush	月次

競合サイトの指標も可能な限りサードパーティーのSEOツールを活用してモニタリングをすることで、競合の動きにも気づきやすくなります。**表1**は細かく多くの指標を見ている例になりますが、最低でも次の指標は定期的にモニタリングをしましょう。

・コンバージョン数

・セッション数

・対策キーワードの検索順位

コンバージョン数やセッション数は、Googleが提供するGoogleアナリティクス 4(以下、GA4) を用いることで計測可能です。自社の対策キーワードの検索順位については、同じくGoogleが提供するSearch Consoleを用いてもよいですが、自社・競合の両方の順位計測を行うためには、順位計測ツールを何かしら契約してモニタリングをすることをおすすめします。

ポイント

モニタリングは初期設計が肝心。初期設計に時間をかけて、後は自動更新が回る仕組みなどを整えよう。

数値モニタリングの考え方

モニタリングは「数値を把握すること」だけが目的ではありません。**数値の変化から次なるアクションを策定し、改善に繋げていくこと**が目的です。よって、指標をそれぞれ単一で捉えるのではなく、構造的に理解をしておくことが重要になります。

求人サイトを例にします。掲載している求人への応募数がコンバージョンだとして、コンバージョンが減ったとします。その際に、「応募数が減りました」だけでは「なんで減ったの？ どうすべきなの？」という疑問が湧くでしょう。さらに、「応募数が減りました。それはセッションが減少したからで、対策キーワードの順位下落が要因です。」と部下から報告されたら、上司の多くは「検索順位が下落したことはわかったけど、なぜ下落したの？ 逆にどこのサイトの順位が上がったの？ 順位を回復させるためにできることはあるの？」と次々に疑問が湧くはずです。

その疑問を可能な限り「もうこれ以上わからない」ところまで深掘りをするのが数値モニタリングです。基本的には、問題解決のプロセスに

沿って、次のように進めます。

- 問題の特定
- 要因仮説の推定
- 課題の設定

問題の特定

定量的なファクトを確認して、何が起きているのかを特定します。先ほどの例でいえば、求人サイトの応募数が減少していることを、次のように深掘りをして問題を特定します 図1 。

図1 問題を特定するまでの深掘りフロー

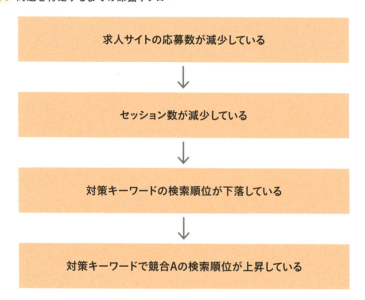

図1 の例であれば、「競合Aに検索順位で劣位になったこと」が問題になります。問題が特定できれば、それがなぜ起きているのかの要因仮説を推定します。

要因仮説の推定

例えば、競合Aの検索順位が上がった要因の推定は、次のように、3C分析的な切り口から絞り込むことができます。

・**自社が何かを実施したことによる変化**
・**競合Aが何かを実施したことによる変化**
・**自社も競合Aも何もしておらず、検索アルゴリズムによる変化**

もし競合Aが何かを実施したことによる変化であれば、実施した内容の何が評価されて検索順位に好影響を与えたか、仮説を立てます。一例として次のような仮説も成り立ちます。

> 仮説 競合が内部リンク構造を変更した結果、対策ページ群により多くの内部リンクが集まる形になり、その結果Googleから相対的にそのページ群の評価が高まり、順位が上がったのではないか。

要因仮説が推定できたら、課題を設定しましょう。

課題の設定

課題とは、**問題を解決するために行うべき取り組み**のことです。先ほどの事例では、次のようなものです。

> 課題 **自社も競合に劣位にならないように対策ページに内部リンクが集まるように内部リンクのロジックを調整する。**

課題が設定できたら、具体的にどのように対策をしていくのかを施策レベルで考えていきます。

このように、定期的に数値モニタリングをしながら、自社・競合の変化を常に追いかけ、最適な改善サイクルが回せるようにしましょう。特

に新人のSEO担当者は数値モニタリングを通して、SEOの指標構造が頭に入ったり、抑えるべきポイントが見えてきたりするので、積極的に数値モニタリング業務を行うことを推奨します。

　ここまででSEOの基本的な流れをご紹介しました。SEOの大筋の型はChapter2で理解いただけたかと思います。続くChapter3では、サイトタイプ別のSEOの戦略・戦術を解説していきます。

ワンランク上のSEO(まとめ)

モニタリングのためのモニタリングではなく、改善に向けたモニタリングであることを忘れない。

Chapter 3

サイトタイプ別の SEO戦略

主要なサイトタイプ別に、成果を上げるための改善戦略を見ていきます。サイト構造やコンテンツによって取るべき対策や重要な点が異なるため、自社サイトに合った戦略を探っていきましょう。

Chapter 3-01

記事型メディアのSEOの特徴

サマリー

記事型メディアは、多くのSEOプレイヤーが参入し、すでにある程度のベストプラクティスが当たり前に実装されているからこそ、ベストプラクティスのさらに先を目指して改善を続けていくことが必要です。

■ 記事型メディアとは

記事型メディアとは、記事をベースに構成されていくサイトです。企業のオウンドメディアや個人が運営するブログメディアなどが該当します。記事型メディアの主要ページタイプは次の通りです図1。

- トップページ
- カテゴリページ
- 記事ページ

図1 記事型メディアの構造例

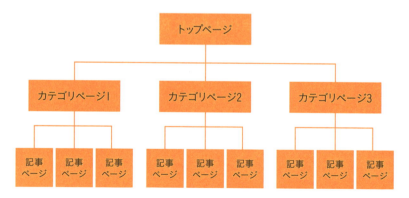

■ 記事型メディアがSEOに取り組む必要性

　記事型メディアに該当するサイトは多数あります。その中でもSEOに特に取り組むべきサイトは、ブランドメディア、見込み顧客獲得用のオウンドメディア、アフィリエイトメディアなどです。SEOに取り組むことで、1つ1つの記事のアクセス数が伸び、**メディアとしてより多くの人にリーチする**ことができます。その結果、メディアの目的である「売上げ向上」や「ブランディング」、「リード獲得数の最大化」などに繋がりやすくなるからです。

　逆に、同じ記事型メディアでも会員向けのメディアサイトのようにSEO以外のチャネル経由での流入数が主な場合は、SEOに取り組む必要性は薄いといえます。

　近年ではWordPressをはじめとするCMSの発展によって、個人レベルでも記事型メディアを簡単に立ち上げることができます。それ自体はよいことかもしれませんが、個人ブログや個人のアフィリエイトサイトのようなSEOの"競技人口"が増えたことによって、SEOを何も意識していない記事がポッと上位表示される時代は終わりました。

本格的なSEO記事を書いたとしても難易度の高いキーワードでは上位表示が困難な時代になっています。

　そのため、記事を作成する際に意識しておかなければならないポイントが多数あります。Chapter3-02〜07では、記事型メディアのSEOの重要なポイントや対策ステップを深いレベルで理解し、より多くの読者を獲得していくことを目指します。

■ 記事型メディアのSEOで重要なポイント

次節以降で記事型メディアのSEOで重要なポイントを、以下の6つのフローに分けて解説します。

① 読者ニーズを満たす高品質な記事を作る→Chapter3-02
② コンテンツの独自性をさらに突き詰める→Chapter3-03
③ 内部リンクで記事同士を繋ぐ→Chapter3-04
④ 記事制作のオペレーションを最適化する→Chapter3-05
⑤ 被リンクを創意工夫して獲得する→Chapter3-06
⑥ ツールを用いて読者体験に磨き込む→Chapter3-07

ワンランク上のSEO（まとめ）

記事型サイトでは、コンテンツSEOのベストプラクティスを実践していることが、最低限でも必要だ。

Chapter **3-02**

記事型メディアのSEO①
読者ニーズを満たす記事

サマリー

記事型メディアのSEOで最重要になるのは、1つ1つの記事の品質です。多くの競合も品質の重要性を理解しています。SEOのスタートラインに立つため、まずはベストプラクティスを確実に踏襲し品質を上げましょう。

■ 高品質な記事を作成するためのベストプラクティス

　コンテンツSEOのベストプラクティスを踏襲するだけで、競合に差をつけ上位表示を目指せた時代もありましたが、現在ではコンテンツSEOのベストプラクティスをWebに携わる多くのサイトが実践しています。そのため、ベストプラクティスを踏襲していないサイトはマイナスからのスタートと考えてください。

　記事型メディアのSEOでスタート地点に立つには、以下のコンテンツSEOのベストプラクティスを必ず実施しましょう。

❶ **記事の目的を明確にする**→P.94
❷ **検索意図を徹底的に深掘りする**→P.95
❸ **適切な記事構成を作る**→P.99
❹ **SEOに強いライティングをする**→P.104
❺ **E-E-A-Tを意識する**→P.106
❻ **マルチメディアで対策する**→P.107

①記事の目的を明確にする

　記事を書く前に「目的を明確にする」ことを忘れないようにしましょう。ここでいう目的とは、例えば次のようなものです。

・SEO経由でユーザーを獲得し、自社商品の購入をしてもらう
・SEO経由でユーザーを獲得し、自社サービスを認知してもらう

　これ以外にも多種多様な目的はありますが、なんにせよ**記事を書く際には設定した目的から逸れないように意識する**ことが大切です。誰に、何をしてもらいたい（どうなってもらいたい）記事なのかからずれることなく、一貫性を持って記事を制作しましょう。

ポイント

SEO向けに「紅葉がきれいな公園」の記事を作成するとしても、それは記事のテーマであって「記事の目的」ではないことを踏まえておきましょう。

　目的設定と同時に大切なのは「**読者目線**」です。マーケティングにおいて「消費者目線」が大切にされるのと同時に、記事を書く上では「読者目線」が重要です。ペルソナを設定しているのであればペルソナの心理状態になりきって書くべきですし、その心理状態の中で、「目的を達成してもらうにはどのような記事にすべきか」を定めた上でライティングに入ってください。

　記事の品質を高めるためには、ペルソナの解像度を高める必要がありますが、実際にペルソナとなり得る人に話を聞いてみたり、ChatGPTなどの生成AIを活用してペルソナについて深掘りをしてみるのもおすすめです。

②検索意図を徹底的に深掘りする

記事の対策キーワードの検索順位を上げるためには、**読者の検索意図に明確に答えた記事を作成する**必要があります。それには、まずどのような検索意図でユーザーが検索しているのかを深掘りしましょう。検索意図の深掘りは、次のようなプロセスで行います図1。

- キーワードを単語レベルで区切る
- キーワードに対して5W1Hの視点で理由を深掘りする
- マズローの5段階欲求のいずれかにたどり着くまでやる

> WORD
>
> **マズローの5段階欲求**
> 人間の欲求を「生理的欲求」「安全の欲求」「社会的欲求」「承認欲求」「自己実現の欲求」の5つの階層に分け解説する理論 図2。

図1 検索意図の深掘りフロー

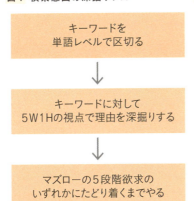

図2 マズローの欲求5段階説

深掘りの具体例

例えば「iPhoneケース おすすめ」というキーワードで対策するとします。その場合は、「iPhone」「ケース」「おすすめ」の3つの単語に区切ります。そして単語ごとに検索意図を深掘りすることによって、読者の考えを解像度高くイメージしやすくなります図3。

図3 検索意図の深掘りイメージ

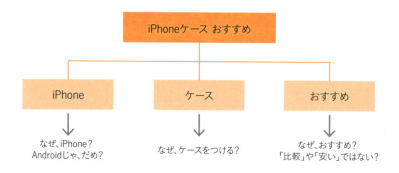

次に、キーワードに対して5W1Hの視点で理由を深掘りします表1。

表1 「iPhoneケース おすすめ」を5W1Hで深掘りした例

5W1H	詳細	「iPhoneケース おすすめ」の例
Who	・誰が検索しているか ・誰に読んでほしいか	iPhoneを持っている人／使う人が検索する
What	何を知りたいか	おすすめのiPhoneケース
Why	なぜ検索しているのか	新品のiPhoneに傷をつけたくないから
When	いつこの情報が必要なのか	iPhoneを買ったとき
Where	どこでこの情報が必要なのか	携帯ショップ、量販店、百均、雑貨屋など
How	どうやって解決させるべきか	ネットで買う、お店で買う

▲ 「使う?」「利用する?」「行う?」「検索する?」「知りたい?」「思う?」「困る?」「買う?」「必要?」などの疑問を問いかける

各項目に対して複数の検索意図が想定されることもあるので、その場合は、様々なパターンを想定して深掘りを行います。**表1**の例でいえば、「When」は「今使っているケースの傷が気になってきたとき」や「ケースに求める機能が変わったとき（カードホルダーがほしくなったなど）」も想定されるかもしれません。

ポイント

多種多様に存在する検索意図を一つでも多く洗い出すことで、より多くの人に刺さる記事に仕上げられます。

このように5W1Hで出した理由を、どんどん深掘りしていきます。検索意図の深掘りは「マズローの欲求5段階説」のどれかに行き着くまでやり切ることが理想です。5段階欲求にたどり着くと「人間だから」という解釈になり、それ以上深掘りすることは基本的に不可能になります。実際に、先ほどの「iPhoneケース　おすすめ」の深掘りの中でWhenとWhoを深掘りすると**図4**のようになります。

図4「マズローの欲求5段階説」と検索意図の深掘り

▲ 5W1Hを深掘りすると5マズローの欲求のどれかにたどり着く

ここでは深掘りをした結果、安全の欲求や社会的欲求と思われる心理までたどり着いていることがわかります。このように、「iPhoneケースおすすめ」という短いキーワードの中でも、**深層心理に近いレベルでの検索意図の仮説を出すことも可能**です。

ポイント

　検索意図の深掘りをやり切ることで競合と差別化できる独自性が出ます。検索者に刺さる記事で上位表示を目指しましょう。

　ちなみに、検索意図をきちんと深掘りすると、記事構成だけでなく、記事の導入文（リード文）をライティングする際も読者の心を掴む勘所がおさえられるようになります図5。

図5　検索意図を反映した導入文

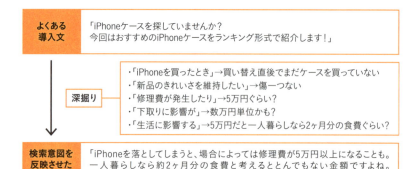

なお、深掘りの作業は、自分の頭で考えるだけでは行き詰まることもあります。その際はChatGPTなどの生成AIへの壁打ちなどもしながら、効率よく進めましょう。生成AIを活用した検索意図の深掘り方法はChapter4-08（→P.270）で詳しく述べます。

③適切な記事構成を作る

記事の目的や対策キーワードの検索意図が推定できたら、記事構成の作成を行いましょう。検索意図を理解するだけでは、実際に記事を書きはじめるのは難しいです。コンテンツSEOにおいて、**記事構成の設計は成果の8割程度を占めてくる**と言っても過言ではないほど重要な工程になります。

記事構成作成の手順①追加調査

記事構成を作成する際には、記事の目的や深掘りした検索意図を意識しながら、各種調査を行って構成設計をしていきます。具体的には以下のような調査をします。

・サジェストキーワード調査
・再検索ワード調査
・共起語（キーワードと同時に使われやすい語句）調査

サジェストキーワードや再検索ワード、共起語などには、読者の検索意図や求めている内容が濃く出ています。例えば、**表2**に示した関連キーワードの「iphoneケース　おすすめ　丈夫」や再検索キーワードの「iphoneケース　衝撃に強い　かわいい」からは、検索している人の多くがケースの耐久性を求めていることがわかります。よって、「丈夫なケース」を紹介する見出しを作ることで、読者の検索意図をより満たせる可能性が高まります。このようにして各種キーワード調査の結果を記事構成に反映させていきましょう。

表2 記事構成の作成に必要な調査キーワードの例

調査キーワード	キーワード例
サジェスト キーワード	iphoneケース　おすすめ　メンズ iphoneケース　おすすめ　丈夫 iphoneケース　おすすめ　シンプル
再検索ワード	iphoneケース　おすすめ　ブランド iphoneケース　衝撃に強い　かわいい iphoneケース　芸能人
共起語	人気 ストラップ 素材

WORD

共起語（きょうきご）

特定のキーワードやフレーズといっしょに、使われる頻度の高いワードのこと。SEOでユーザーの検索意図を理解するヒントになる場合も多い。

記事構成作成の手順②競合サイト調査

　対策キーワードで上位表示されている競合サイトを調査することも重要です。SEOは結果指標であり、上位表示されているサイトが正解と捉えてもまちがいではありません。Googleがそのサイトを上位表示している理由を分析し、評価されている要素を仮説立てて、自サイトの記事構成に反映します。

　なお、競合調査の観点には、SEO観点と記事の内容の観点の2つがあります**表3**。

表3 競合調査の観点

観点	調査項目
SEO観点	・**ドメイン力**(DRなど) ・**運営元・運営者** ・**記事の被リンク数** ・最終更新日 ・更新頻度 ・執筆者・監修者 ・内部リンク先/量
記事内容	・文字数 ・**独自コンテンツの量** ・見出し構成 ・タイトル

ポイント

表3で太字にしている項目は、SEOの順位決定因子として特に強いため確実に調査をしてください。

　そのため、記事内容の観点だけで「上位表示されているからそれが正解だ」と飛びついてしまうと狙いがずれるケースがあります。具体的には、SEO観点でそのページが大量に被リンクを獲得していたとか、そもそもドメインや運営元の信頼度が強くSEOに有利だったといったケースです。

　よって、ドメイン力や被リンク数といったSEO評価要因に加え、**記事更新ペースや内部リンクの量などから、競合の力の入れ具合、質**などサイトの相対的な立ち位置も網羅的に調査しましょう。これらの情報は、ドメイン力や記事の被リンク数であれば、AhrefsやSemrushなどの分析ツールを使ったり、運営元についてはサイトのフッターなどにある企業情報などで確認できます。

　可能な限り数多くの調査観点（≒SEO評価要因）を調べた内容を反映しつつ、先ほど深掘りをした検索意図を踏まえ、抜け漏れのない見出し構成を作成していきましょう。

記事構成作成の手順③ 記事構成の具体例

参考までに、LANYが普段利用している記事構成をご紹介します。

1つの記事の作成には、ディレクターやライター、デザイナーなど、複数名が関わることも多いため、記事の前提情報もまとめておきます。LANYでは次の項目にしてまとめています。

記事構成テンプレで記入する項目

- Who（誰の・想定読者）
- What（何を解決する・読者の検索意図）
- コンテンツのゴール
- ユーザーの最高の結果
- How（どうやって解決する）
- この記事でしか得られない情報

表4に示した記事構成案は、「プログラミングスクール　無料」というキーワードを対策するものとしてサンプルで作成したものになります。表5は表4の前提条件に沿って、さらに具体的にした記事構成案となります。

ポイント

記事構成の設計が成果の8割です。記事構成の時点で「この構成通りに記事を作れば上位表示を目指せる」と自信を持てるように作り込みましょう。

Chapter 3-02 読者ニーズを満たす記事

表4 記事構成の例（記事の前提条件）

メインキーワード	重要キーワード
プログラミングスクール　無料	―

項目	記入例
Who （誰の・想定読者）	20代前半・男性・会社では営業系の仕事についている。待遇面に不満を持ち、転職を考えている。そのためにスキルを身につけたいと思っている。
What （何を解決する読者の検索意図）	・無料で受講できるプログラミングスクールの情報を知りたい。 ・できればスクール受講〜転職まで…にお金をかけたくない（有料よりは無料がよい）。 ・どうして無料でスクールに通えるかを知りたい。 ・無料の分、何か注意点があるはずなので、その点も把握しておきたい。 ・スクールごとに実際の利用者の口コミがあれば探ってみたい。
①コンテンツのゴール	・無料のプログラミングスクールを運営できる仕組みを理解できる。 ・様々な無料プログラミングスクールごとの「特徴」「メリット／デメリット」を把握できる。
②ユーザーの最高の結果	自分に合った最高のプログラミングスクールに入学できる。
How（どうやって解決する）	○○の送客を狙うCTAを置く。
この記事でしか得られない情報	・受講から転職成功まで「本当に無料で通えるプログラミングスクール」を比較し、図解を入れている（独自の画像）。 ・上記のプログラミングスクールの口コミを実際に利用したユーザーから入手している。
制作に際して他部署や関係者に確認・依頼したいこと	・この記事で紹介している事例以外に活用すべき事例があるか。 ・各サービスの口コミのアンケートを取得いただくのは可能か。
その他補足・連絡事項	①無料のプログラミングスクールのメリットは結局「無料で受講できること」に集約される。 　→記載せずに、個々のスクールのメリデメをより詳しく記入する方針が良いかと思いました。 ②転職保証型の無料スクールは全面的に記載していません。 　→「転職に失敗」「内定が出なかった」ときに受講料が返金されて、実質無料になるパターンがほとんど。 　→潜在的に「就職・転職したい」読み手のニーズと矛盾している（転職したら正規の受講料を払うことになるから＝有料）。

▲誰の（Who）、何を（What）、どうやって（HOW）解決して、どんなゴールと最高の結果に導くかを考える

表5 LANYが普段利用している記事構成案

	項目	タイトル名	見出し文字数	目安文字数	内容	必須キーワード
タイトル	タイトル	プログラミングスクールに無料で通うなら、この9校がおすすめ！	29	—	—	—
導入	導入		0	200	(記事内容のポイントになる要素を、箇条書きなどで書き出す)	—
本文	h2	プログラミングスクールを無料で受講できるのはなぜか？	26	400		プログラミング
本文	h2	無料のプログラミングスクールを選ぶときの5つのポイント	27	100		—
本文	h3	学習したい言語がカリキュラムにあるかどうか	21	100		カリキュラム
本文	h3	講師の質がきちんとしているかどうか	17	300		講師
本文	h3	就職サポートを行っているかどうか	16	300		就職

④SEOに強いライティングをする

　SEOに強いライティングとは、**洗練された日本語で、読者に行動を促せるほど具体性を持たせたライティング**と定義できます。意識すべき点は、次の4点です。

・正しい日本語を用いて、論理的な文章を書く
・箇条書きや表なども用いて、情報構造をわかりやすく書く
・検索意図にシャープに回答するように書く
・読者が行動できるレベルで具体性を持たせて書く

正しい日本語を用いて、論理的な文章を書く

　検索結果で上位表示させるための重要な観点の一つとして「**信頼できる情報かどうか**」という要素がありますが、その判断材料の一つとし

て、適切な日本語や論理構成で執筆されているかも考慮されます。検索エンジンもAIの発達により、日本語の正しさや論理構造を正確に判断することができるようになっています。そのため、論理的な流れを意識して文章を構成することが大切です。また、誤字脱字をはじめ、冗長な表現や日本語として不適切な言葉の使い方がないかなど、読み物としての品質にもこだわりましょう。

読みやすい文章にすることで、**読者のユーザー行動もよくなり、間接的にSEOの評価が高まる可能性もあります。**

箇条書きや表なども用いて、情報構造をわかりやすく書く

文章だけに頼らず、箇条書きや表なども用いて、情報構造をわかりやすく書くことも重要です。Chapter1-01（→P.14）で述べた通り、検索エンジンはHTMLのマークアップから情報構造を読み取り、内容を解釈しています。

箇条書きを用いてリストタグ（<ul>タグ・<li>タグ）でマークアップすれば、その情報が並列する意味のある情報であると理解してくれますし、<table>タグでマークアップされていたら、行と列で構成された表組みの情報データであると理解してくれます。

検索意図にシャープに回答するように書く

検索意図に対してシャープに回答するように文章を書くことも重要です。**結論ファーストで記載する**ことで、ユーザーにも検索エンジンにも伝えたい情報が伝わりやすくなります。

その上で、PREP（プレップ）法と呼ばれる、結論（Point）→理由（Reason）→具体例（Example）→結論を繰り返す（Point）の流れで情報を伝える文章構成にすることも、SEOライティングでは推奨されています。

読者が行動できるレベルで具体性を持たせて書く

記事を読んで終わり、となるのではなく、**読後に目的となる行動へ繋げられる記事は最高品質である**といえます。そのためには記事の内容を

一般論や抽象度の高い内容にとどめてしまうのではなく、読者が行動できるレベルで具体性を持たせることが大切です。

> **ポイント**
> 品質の高い読み物はユーザビリティやリピート率を改善し、SEO以外の成果ももたらします。

⑤ E-E-A-Tを意識する

　記事構成やライティングにこだわり、ユーザーの検索意図に応えた品質の高い記事ができ上がったとしてもSEO的には十分ではありません。Chapter1-04（→P.36）で解説したように、検索結果のランキングは、Googleが重視するE-E-A-Tの向上も欠かせません。

　Googleは、検索アルゴリズムによって検索キーワードと関連度が高く、かつ信頼できるページを検索結果上位に表示します。関連度の高さは記事の中身によって伝えることはできますが、**信頼できるかどうかはE-E-A-Tによって評価**されます。

　E-E-A-Tはそれぞれの評価基準が独立した概念ではなく、相互作用の性質を持った概念だと考えられます。そのため、「経験の評価を高めるための対策はこれ」と、評価基準ごとに対策を行うというイメージではなく、あくまでE-E-A-Tの評価対象を切り口とし、それぞれを改善するために必要な対策を検討すると、E-E-A-T評価を包括的に高められるでしょう。

　E-E-A-Tの評価対象と対策を整理すると、**表6**のようになります。この表の中で、自分の記事型メディアで対策に着手できていないものがあれば優先度を上げて対応するようにしましょう。それぞれの詳細な対策方法はChapter4-03（→P.232）にて解説します。

表6 E-E-A-Tの評価対象と対策

評価対象	評価を高める対策
経験(Expertise)	・著者情報を充実させ、ナレッジパネルの掲載を目指す ・著者情報を構造化データや記事上から検索エンジンに伝える
専門性(Expertise)	・トピックを特定の領域に絞る ・専門家に監修や取材を依頼する ・一次情報を活用する・最新情報へアップデートする
権威性(Authoritativeness)	・Whois情報を公開する ・被リンクを獲得する ・サイテーションを獲得する ・サイトをSSL化する
信頼性(Trustworthiness)	・運営元・運営者情報やサイトポリシーを掲載する ・指名検索数を増やす ・決済情報や配送情報を掲載する ・投稿や掲載情報を常に最新にする ・一次情報源を明示する ・最新情報へアップデートする

⑥マルチメディアで対策する

　SEO対策に必要なのはテキストのみではありません。画像や動画、音声などマルチメディアで対策をしていく必要があります。**検索クエリごとにユーザーが求める情報の形は異なります**。ハウツー系の悩みであれば画像や動画で解決したいと思いますし、場合によってはテキストよりも音声で解説を聞きたい場合もあるでしょう。検索意図を推定するだけではなく、**どのような形であればその検索意図を最も効率的に満たしてあげられるか**まで考えましょう**表7**。

　例えば、英語の発音はどれだけテキストで伝えるよりも音声を1回聞いたほうが理解しやすいのは想像に難くないはずです。同様に、難解な内容はオリジナル画像を作って記事内に埋め込んだり、動画のほうが伝わりやすい情報については動画を埋め込みながら伝えたり、求められる情報の形をきちんと意識して対策することがSEOでは重要になります。

表7 検索クエリに応じたマルチメディアコンテンツの例

検索クエリ	ニーズ	有効な マルチメディア	掲載例
ネクタイ　結び方	ネクタイの結び方を映像で見たい	動画	ネクタイの結び方を動画で見たい方はこちらなどの訴求で、自社で撮影したYouTube動画などを埋め込む。
新宿　脱毛サロン	おすすめの新宿の脱毛サロンを知りたい、またそこに行きたい、もしくは場所を知りたい	地図	Googleマップを記事やLP内に埋め込む。
Jリーグ　速報	最新のJリーグの試合の速報が知りたい	ニュース	最新のJリーグの試合結果などを日付と共にページ内に記載し、構造化データの記事更新日も合わせて最新日時に更新。

ワンランク上のSEO（まとめ）

コンテンツSEOに取り組むためには、紹介した6つのポイントを守って記事を書き上げよう。

Chapter **3-03**

記事型メディアのSEO②
コンテンツの独自性

サマリー

大量の情報が存在するWebで重要視されるのが情報の独自性です。記事型メディアは「ここでしか手に入らない独自の情報」の発信を通してユーザーが検索する動機に応え、上位表示を目指しましょう。

■ 独自性のある情報こそが検索の動機になる

　記事型メディアのSEOで年々重要になってきているのが、コンテンツの独自性です。生成AIなどによって、誰にでも生成できる情報は瞬時かつ大量に生成される世界となりました。しかし、誰にでも発信できるありふれた情報だけであれば、わざわざ検索する必要もなくなり、生成AIに聞くというユーザー行動が主流になっていく可能性も高いです。

　その状況で、人々があえて検索をして情報検索するのは、**「そこでしか手に入らない情報」を探索するため**になるのではないでしょうか。実際にGoogleは、独自性が重要視されるプロダクトレビューアップデートやヘルプフルコンテンツアップデートを行っており、検索品質評価ガイドラインには「**実際に体験した情報（Experience）**」を重視すると宣言し、従来のE-A-TからE-E-A-Tへ変化しました。

　独自性を突き詰めなければ中長期的にSEOで上位表示を達成し続けることは難しくなるため、取り組みは必須です。

プロダクトレビューアップデート
商品レビュー領域に関係するGoogleのランキングシステムの改善のこと。多数の商品をまとめただけの質の低いコンテンツではなく、詳細な調査結果を示した商品レビューなどを上位表示するようなアルゴリズムのアップデート。

ヘルプフルコンテンツアップデート
検索エンジンをハックしようと作られているコンテンツを保有するサイトの評価を下げるアップデート。訪問者に満足感を与えているコンテンツを高く評価し、訪問者の期待に応えていないコンテンツとの差別化を図ることを目的としている。

■ SEOにおける独自性とは

SEO観点（≒検索エンジン観点）で捉えると、独自性とは次のように捉えることができます。

・そのサイト（ページ）でしか、手に入らない情報
・そのサイト（ページ）が、一番最初に提供した情報

言い換えると、**Googleのインデックスサーバーにまだ存在しない情報こそがオリジナルな情報である**という考え方です。
しかし、良質なオリジナル情報はいろいろな人に参照されていくため、一度オリジナルな情報が公開されたあとは、インデックスサーバーにはどんどん類似の情報が追加されていきます。そのため、Googleは「**どのサイトから一番はじめに提供された情報なのか**（≒情報の起源）」も考慮していると考えられています。

Chapter3-03 コンテンツの独自性

　コンテンツSEOに取り組んでいる方は経験があるかもしれませんが、最新の情報をいち早く記事化してGoogleにインデックスさせると、そのあとで大手メディアなどが後発で記事を書いてきても一定期間は上位表示し続けられることがあります。これは、検索エンジンが独自性（最初にオリジナルな情報を公開した）を評価しているからだと推測できます。

　では、オリジナルで独自性のある情報をどのように提供していくべきかですが、LANYでは図1のように、インプット・スループット・アウトプットの3工程で考えています。

図1　インプット・スループット・アウトプットの3工程

　各工程の戦術および手法は、Chapter4-13（→P.308）で詳しく解説します。

ワンランク上のSEO（まとめ）

類似コンテンツに埋もれないような独自性は、情報源や示唆、表現を工夫することで生み出せる。

Chapter **3-04**

記事型メディアのSEO③
記事同士の内部リンク

サマリー
コンテンツSEOでは、適切な内部リンクを設計できなければ順位を上げることが難しくなります。内部リンクが重要な理由や、どのように設計するとSEO評価を高めることができるのか解説します。

■ 内部リンクがコンテンツSEOで重要な理由

コンテンツSEOにおいて、内部リンクは非常に重要な役割を果たします。適切な内部リンクが設計できていないと、順位を上げることは難しくなります。内部リンクがSEOで重要な理由は、次の3点です。

- ユーザビリティの向上：読者の回遊性を高め、関連情報をスムーズに探せるようにする
- クローラビリティの向上：検索エンジンのクロールを促進し、サイト全体のインデックス化を促す
- リンク先ページのSEO評価を向上：リンクジュースと呼ばれるSEO評価をほかのページに伝える

コンテンツSEOでは、特に「リンク先ページのSEO評価を上げられる」ことが重要になるため、ここではその理由を解説します。

内部リンクを設定すると、リンクジュースと呼ばれるSEOの評価がリンク先に伝達されます。一般的には「**リンクジュースが多ければ多いほどSEO評価が高まる**」と覚えてください。内部リンクを通じてサイト内のリンクジュースが分配されていくため、**順位を上げたいページにはなるべく多くの内部リンクを張って流入元を増やす**ことが必要です。

リンクジュース
リンク先ページに渡されるSEOパワーのこと。シャンパンタワーのように、それぞれのページが持つSEOパワー(ジュース)が、リンクを通じて上から下へと流れていくイメージから、こう呼ばれている。

■ 内部リンクを戦略的に張り巡らせる方法

もし、自サイトで順位がなかなか付かないサイトがあれば、まず、そのページが孤立していないかを確認してください。内部リンクの有無による影響は、**表1**の通りです。

表1 リンクの有無による影響

状態	影響
他の記事からの内部リンクが多いページ	リンクジュースが多くわたってSEO評価が高まる
他の記事からの内部リンクがない孤立ページ	リンクジュースが渡らないので順位が付きづらくなる

記事型メディアの内部リンクは戦略的に張り巡らせていきます。トピッククラスターモデルはその一例です。

しかし、内部リンクは、ページ単位で場当たり的に検討するのではなく、戦略的に張り巡らせる必要があります。LANYでは、記事型メディアの内部リンクを**図1**のようなスプレッドシートで管理しています。スプレッドシートではどの記事からどの記事に内部リンクが張られているのか、どの記事が全体で何本の内部リンクを獲得しているのかを可視化しています。

図1 LANYの内部リンク解析シート

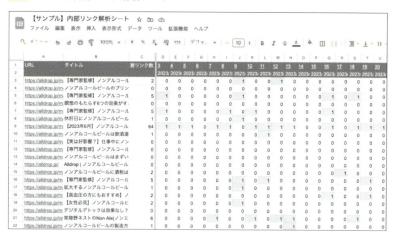

▲背景色付き（誌面ではグレー）で1とマーカーされている箇所は、内部リンクが張られていることを示している

■ 内部リンクを設置する際に考えるポイント

内部リンクを設置する際には、次のような点を意識してください。

関連性の高いページ同士で設置する

関係のないページへのリンクは逆効果です。内容の関連性を意識しましょう。

むやみに張りすぎない

数が多ければいいわけではありません。必要なリンクに絞りましょう。

基本的にはdofollowで設置する

dofollowはリンク先のページに評価を伝えるための設定です**図2**。特別な理由がない限り、nofollowのような設定はしないようにしましょう。

図2 dofollowとnofollow

・dofollow(通常のリンク)

<a href="https://example.com/">〇〇〇〇〇</a>

・nofollowリンク

<a href="https://example.com/" rel="nofollow">〇〇〇〇〇</a>

WORD

nofollow

検索エンジンのクローラーに、リンクの効果を受け渡さないように伝える属性値。HTMLでrel属性の値に「rel="nofollow"」と指定する。主に自サイトと関連づけたくないページへのリンクや広告リンクなどに設定することが多い。

リンク先が伝わりやすいアンカーテキストで設置する

「詳しくはこちら」のような曖昧な表現ではなく、リンク先のコンテンツが具体的にわかる言葉を選びましょう図3。

図3 適切なアンカーリンクテキスト

SEOコンサルティングサービス概要はこちら>>

<a href = "https://lany.co.jp/seo/">SEOコンサルティングサービス概要はこちら>></a>

画像リンクの際にはaltタグを適切に設置する

<alt>タグは、画像が表示されない場合に代わりに表示されるテキストです。読み上げ機能を使用するの際も利用され、画像内容を把握する

ためにクローラーも利用しています。リンク先のコンテンツを説明する<alt>タグ（代替テキスト）を設定しましょう 図4。

図4　適切な代替テキスト

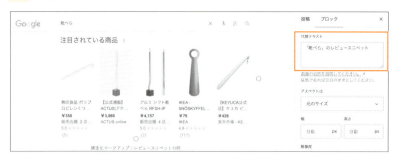

重要なページにより多くの内部リンクが集まるようにする

リンクジュースの理論から、**重要なページには、サイト内のほかのページから、より多くのリンクを張ってリンクジュースの供給量を増やす**ようにしましょう。通常、コンバージョンに近いとされるページに対してこのような対策を取ります。

リーズナブルサーファーモデルを意識して設置する

リーズナブルサーファーモデルとは、リンクの重要度（推定クリック率）によって、リンクジュースの量が変わるモデルのことです。ページの上部やリンク先との関連性が高ければ高いほどリンクジュースがより多く分配されると考えられるため、ユーザーのサイト内移動を想定しつつ、重要なページには、より重要度を上げられるリンク配置を行いましょう。

内部リンク対策を講じる際には以上のように様々な要件がありますが、どのようにするか悩んだ場合には、「**ユーザーにとって必要なリンクかどうか**」を判断の軸にすると、大きく外れることはないでしょう。

リーズナブルサーファーモデル

「リンクの重要度(推定クリック率)によってページの価値を判断するモデル。従来は、被リンクの数や質によってページの重要度を評価したが、このモデルでは、従来モデルに、ユーザーが実際にリンクをクリックする可能性を考慮に入れた。ページの上部やリンク先との関連性が高いほどリンクされる可能性が高いため、リンクジュースもより多く分配されるといわれている。

内部リンクにこだわりを持つことで、記事型メディアのSEOレベルを一段引き上げることが可能になりますので、ぜひ紹介した内容を頭に入れて、こだわりを持って改善してください。

ワンランク上のSEO(まとめ)

内部リンクまでこだわれるとSEOレベルがもう一段階アップするため、しっかりと対策する。

Chapter **3-05**

記事型メディアのSEO④
記事制作のオペレーションの最適化

サマリー

記事型メディアのSEOでは、高品質な記事をスピーディーに制作できる体制が成果を大きく左右します。記事制作のオペレーションを磨き込み、高品質な記事を量産しましょう。

■ 属人化させない記事制作オペレーション構築

　記事型メディアのSEO成功には、記事制作体制の構築が鍵となります。個々の優秀なライターやディレクターにのみ依存する体制ではその人材のキャパシティーが記事作成本数のキャパシティーとなるため、量産することが難しくなったり、品質が低い記事で数を補う必要が出ると、サイト全体では品質のばらつきに繋がったりします。また離職された場合にもリスクが伴います。
　だからこそ、**彼らの能力を集合知として活かし、「記事制作のオペレーション」として体系化していく**ことが重要です。これにより、メディア全体としての品質向上や記事制作の本数増加やスピードアップに繋がり、成果に直結します。
　LANYでは、精緻な記事制作オペレーションを構築し、アルゴリズムの変化やトレンドに合わせて定期的に見直しています。これにより、常にSEOで評価される高品質な記事を作り続けられるようにしています**表1**。

表1 LANYの記事制作の業務フロー

大項目	中項目	業務	担当者
記事構成作成	必要な文字数の調査	上位表示されている競合の文字数を調査	ディレクター
	TDHに挿入するKWの調査	関連キーワードツールなどを利用して、見出しに入れるべき優先度の高いキーワードを選定	ディレクター
	記事に散りばめる共起語の調査	TDHに入れるほど優先度は高くないが、記事内には挿入しておくべきキーワードの選定	ディレクター
	競合流入あり&自社流入なしKWの調査（リライト時）	SEMRushのキーワードマジックツールを利用して、競合サイトには流入しているが、自サイトには流入していないKWを抽出する	ディレクター
	強調スニペット対策構成作成	対策KWに強調スニペットが出ている場合には、強調スニペットが狙えるように構成を考える	ディレクター
	競合調査	競合の見出しを確認する上位記事が「なぜ上位表示されているのか」を考える	ディレクター
	情報調査	事前のヒアリング情報やさまざまな情報源を使い、情報調査シートを埋める	
	検索意図の調査	Google検索のツールバーを確認して、左端からの順番をメモ	ディレクター
ライティング	執筆ルールに従って執筆		ライター
記事チェック	執筆ルールに従っているかのチェック	ライティングルールのチェックリストを用いて、ルール通りかをチェック	ディレクター
	必要KWが網羅されているかのチェック	①TDHに必要なKWが入っているかのチェック ②指定した共起語が記事中に入っているかのチェック	ディレクター
	コピペチェック	コピペチェックツールにかけてコピペが行われていないかのチェックを実施する	ディレクター
	日本語チェック	文賢を用いて日本語の表記を正す 誤字脱字は絶対にしないようにする	ディレクター
	論理性チェック	チェックリストを用いて論理性をチェック	ディレクター
	文字数チェック	指定文字数に達しているかをチェック	ディレクター
アップロード後	GSCでフェッチする	Search Consoleのインデックス登録リクエスト	LANY
	順位計測に入れる	SEMRushに登録（自サイトの場合）	LANY

業務フローへ改善点を反映し最適化を続ける

　常に最高品質の記事が制作できる体制とし、Googleのアルゴリズムのアップデートにより新たに評価される要素が追加された場合には、もれなく対策できるように記事構成フォーマットに変更を加えます。また、実際に記事を制作してみて上位表示されたもの、されなかったものなどの**成功・失敗をもとにしたノウハウを業務フローへ反映**します図1。このように、常に「記事制作のオペレーション（仕組み・体制）」を最適化し続けるという意識で取り組んでいます。

図1　LANYの記事制作の仕組み・体制

■ 記事制作の具体的業務と最適化

　LANYの記事制作で行っている具体的な業務内容には、次のようなものがあります。

記事執筆前
- キーワード調査
- 競合調査
- 検索結果調査

- 検索意図調査

記事執筆時
- レギュレーションに沿ったライティング
- 他記事との類似性や論理性などのチェック

記事公開後
- 内部リンク調整
- インデックス登録リクエスト
- 順位やユーザー行動のモニタリング

　これらの業務については、すべてマニュアルを作成して、誰が担当しても、メディアとして最高の水準を維持できるようにしています。例えば、キーワード調査では、どのツールをどのように活用して、調査結果をどのようにまとめるのかまで、誰が見ても迷うことのないよう明確な指示をマニュアルに記載しています。検索結果調査では、対策キーワードで検索した際の上位1位〜10位までのページの見出しタグを抽出して、スプレッドシートにまとめる、などの的確な指示をしています。

　記事型メディアの成果を最大化させる上でSEOに強い記事が作れることは最低条件ですが、そのために意識するのが「マニュアル」と「業務フロー」を磨き込み続けて、常にメディアとしての最高品質の記事を生み出し続けられる仕組みを構築することです。

マニュアル作成のポイント

　事業会社のSEOチームやメディアチームでマニュアルを用意する場合、社内の知見や割ける工数に応じて、次の3パターンから自社に適した方法を選ぶといいでしょう。

- オリジナルで用意する

- 汎用性の高い運用マニュアルなどのホワイトペーパーをダウンロードし、自社向けにアレンジして活用
- インハウス/内製化支援サービスを活用して自社に最適化されたマニュアルを用意する

　いずれのケースにおいても最初から完璧なマニュアルを作ろうとはせず、ある程度の叩き台のつもりで運用してみて、運用しながらマニュアルを常に改善していく意識を持つことが重要です。
　ライターやディレクターを育成すること以上に、最も優秀なライターやディレクターのノウハウを、マニュアルや仕組みに落とし込むことのほうが、中長期的に見て確実に大きな成果に繋がると筆者は信じています。

ワンランク上のSEO（まとめ）

業務を属人化しない制作オペレーション体制を構築し、日々の業務の中で磨き込み続けていく。

Chapter 3-06

記事型メディアのSEO⑤
被リンクの獲得

サマリー

記事型メディアで公開した記事が信頼できる情報源として検索エンジンに評価されるためには、外部からの被リンク獲得を欠かせません。ここでは、被リンクを獲得するためアプローチ方法を解説します。

■ 被リンク獲得には2種類のアプローチがある

　サイト外からリンクを張られる被リンクについては、「高品質な記事を制作して、自然発生的に被リンクが獲得できる状態」が理想ですが、SEOにそれなりに取り組んできた方であればわかる通り、そんなに簡単に被リンクは集まりません。**ただ待つだけでなく、可能な限りアクションを起こし、外部被リンクを獲得する**必要があります。

　被リンク獲得には、大きく2つのアプローチ方法があります。

競合差分を埋めるアプローチ

　競合差分を埋めるアプローチとは、ベンチマークしている競合サイトが獲得しているが、自社が獲得できていないリンクを特定し、自社でも同様に獲得していくアプローチです。

競合差分を広げるアプローチ

　一方、競合差分を広げるアプローチとは、ベンチマーク競合が獲得できていないものの、メディアの権威性や専門性を高めることに貢献するリンクを獲得するアプローチです。

どちらも、後述するように創意工夫をして、自社のメディアと相性がよい被リンク獲得の手法を企画し、それを着実に実行することが重要です。着手の順番としては、競合差分を埋めたあとに、競合差分を広げていきましょう。

■ 競合差分を埋めるアプローチ

競合差分を埋めるアプローチは、次のように進めます。

❶ 競合との被リンク獲得差分を可視化する
❷ 自社でも獲得可能性がある被リンク先をピックアップする
❸ 被リンク獲得のアプローチをする

被リンク獲得のアプローチについては、Chapter4-04（→P.245）で詳しく説明しているので、そちらを参考にしてください。

ポイント

被リンク獲得については、ある程度アイデア勝負と営業力勝負の性質もあります。

■ 競合差分を広げるアプローチ

競合差分を広げるアプローチは、自社サイトと相性のよいサイトを見つけるところからのスタートです。例えば、LANYのようにSEO関連のキーワードを対策しているサイトの場合、相性のよいサイトは次のようなテーマを扱っているサイト群になるでしょう。

- SEO
- SEM
- Webマーケティング
- デジタルマーケティング
- マーケティング

　よりテーマ性が近いサイトのほうが、専門性という観点では評価が高まります。上記の場合、上から順にテーマ性が近いと判断できます。また、同じテーマのサイトであっても権威性が高いサイトからの被リンクのほうが大きな評価を得ることができるため、被リンク獲得の候補を絞る際には、獲得先のドメイン力も参考にしましょう。サードパーティーツールで確認できるドメイン力の指標を参考にするのもおすすめです。

　競合差分を埋めるにしろ広げるにしろ、獲得候補先をリストアップするところからはじめて、可能な範囲で獲得していきましょう。

　競合差分を広げるためには、**競合が被リンクを獲得できていないサイトからの被リンクを獲得する**必要があります。そのためには、自社だけがアプローチできる関係値のある企業やサイトなどに対して何かできないかを考えてみたり、広報担当者を巻き込みながら、権威性のあるメディアからの取材や記事転載を目指せないかの戦略を検討してみたりと、自社ならではの施策を検討してみましょう。

■ 被リンク分析のツール

　競合の被リンクを分析するツールとしては、AhrefsやSEMRushなどがあります。ドメインを入力するだけで、**図1**のように対象のサイトがどのサイトから、どのようなアンカーテキストで被リンクを獲得しているのかがわかります。

図1　SEMRushの「被リンク分析」の機能

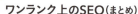

　また、ツール独自の指標とはなりますが、サイトごとのドメインの強さを確認することも可能です。この指標を確認することで、どのサイトからの被リンクを積極的に獲得しにいくべきかの優先順位付けもやりやすくなるでしょう。

　競合の被リンクを確認することで、自社サイトでも獲得できる被リンク先の候補を見つけるだけでなく、**競合がどのように被リンク獲得をしているか**の戦術をリバースエンジニアリング的に導き出すこともできるため、被リンク獲得施策のアイデアを出す際には非常に有益です。

　競合サイトも含めて、被リンクは定期的に増え続けるため、競合の被リンク分析も1度行って終わりではなく、定期的に確認することで、自社サイトの被リンク獲得施策を定常的に行うことが可能になります。SEOにおける被リンクの重要度は非常に高いため、月1回でもよいので、定期的に競合サイトが獲得している被リンクをモニタリングすることをおすすめします。

> **ワンランク上のSEO（まとめ）**
>
> 外部からの被リンクは待っていても集まらない。積極的に獲得のアプローチをしていく必要がある。

Chapter 3-07

記事型メディアのSEO⑥
読者体験の向上

サマリー

上位表示されるようになりアクセス数を獲得している記事は、さらに読者体験を磨き込みます。GA4やClarityなどのユーザー行動が解析できるツールを活用して改善点を見つけ、成果最大化を目指しましょう。

■ アクセスの先にある目的達成を目指す

　読者体験を磨き込むことで、アクセスの先にある目的指標を動かしやすくなります。Chapter3-01（→P.91）の冒頭に紹介した通り、記事型メディアで最も重要なのは、記事制作の目的達成です。目的には一般に、次のようなものがあります。

- SEO経由でユーザーを獲得し、自社商品の購入をしてもらう
- SEO経由でユーザーを獲得し、自社サービスを認知してもらう

　自社商品の購入をしてもらうためには、**記事を読んだ上で納得感を得てもらう**必要があります。そのためには、記事をじっくりと読み進めてもらう必要があります。それを知る読者のユーザー行動の指標としては、「滞在時間が長くなること」「読了率を高める」などが、中間目標になるでしょう。

　自社サービスの認知をしてもらうためにも、記事をある程度読み込んでもらい、記事の内容に感銘を受けてもらってメディアやサービス名、企業名を覚えてもらうことが大切です。逆に言えば、せっかくアクセスしてもらったのに読者がすぐに離脱しているようでは、購入などのコンバージョンも、サービスの認知も獲得できません。

ポイント
アクセス解析をきちんと行い、アクセスの先にある目的達成に近づけましょう。

　GA4に「エンゲージのあったセッション」と呼ばれる指標が登場して話題になりましたが、**読者がきちんと記事に対してエンゲージ（≒よい読者行動）をしているのかどうか**も重要視されるようになってきているといえます。

WORD

エンゲージのあったセッション
GA4上で10秒以上続いたセッション、コンバージョン イベントが1回以上発生したセッション、ページビューまたはスクリーンビューが2回以上発生したセッション。

■ さらなる上位表示を目指しやすくなる

　読者体験を磨き込むことで、さらなる上位表示も目指しやすくなります。あくまで筆者自身の仮説と経験則にもとづきますが、ある程度の上位表示を達成したあとに、最後のひと押しをするのは、読者体験の指標（ユーザー行動の指標）であると考えています。
　例えば、2位や3位にランクインしている記事の場合には、記事の内容や内部リンク指標などのソースコード上から判断できる指標はすでに高水準で対策できていると考えられるため、**実際にアクセスしたユーザーの行動指標を向上させる**ことのほうが、表示順を1位へと押し上げることに繋がったりします。

読者の離脱を防ぐ

「ポゴスティッキング」と呼ばれる検索結果と各種ページ（サイト）を往復している状態が生まれてしまうと、そのページが検索意図を満たせていないという判断をGoogleがするため、検索順位を下げてしまう一因になる可能性があります。そのため、**特定の検索に対する「ラストクリック」になる**（その検索の検索意図を満たし切る）ことができると、読者体験の指標が向上し、上位表示を目指しやすくなります。このとき、読者がランディングした際に「このページに答えがありそうだ」と感じられるようにページの体験が作り込まれていることが大切です。

ある程度のアクセスがある記事に対するさらなる上位表示を目指す施策として、読者体験の向上も検討してみてください。

エンゲージメントや読了率を高めるための作業が読者体験の磨き込みです。具体的には、読者が離脱したり、迷っているポイントをユーザー行動解析から見つけ出し、仮説立てて改善を実施していきます。さらに具体的な方法は、Chapter4-12（→P.303）で解説します。

以上が、記事型メディアのSEOで重要になるポイントです。これ以外にももちろん細かい重要な点はありますが、ここで紹介した内容を意識してやり切ることができれば、必ず成果が出てくるはずです。

ワンランク上のSEO（まとめ）

記事制作のベストプラクティスは当たり前のように実践し、＋αで成果創出を目指そう。

Chapter 3-08

データベース型サイトの SEOの特徴

サマリー

データベース型サイトは自動でページ生成されるため、数百万～数億ページを保有することも珍しくありません。SEOにおいては、細かい仕様策定や地味な業務も多くなりますが、その分一つの施策で大きな成果を出すことも可能です。

■ データベース型サイトの特徴

データベース型サイト（DB型サイト）とは「多くのデータを持ち、そのデータを元にページが自動で増えていくサイト」です。具体的には、ECサイトや求人、不動産、グルメなどの情報掲載サイト、口コミ投稿サイトやQ&AサイトなどのUGCサイト（ユーザー投稿型サイト）などが挙げられます。実在するデータベース型サイトで代表的なものは次のようなものです 表1。

ポイント

データベース型サイトは、正しい改善の継続でSEO成果が出やすいサイトタイプともいえます。

表1 データベース型サイトの種類と代表例

種類	サイト	URL
ECサイト	・Amazon	https://www.amazon.co.jp/
	・楽天市場	https://www.rakuten.co.jp/
求人サイト	・Indeed	https://jp.indeed.com/
	・タウンワーク	https://townwork.net/
不動産サイト	・SUUMO	https://suumo.jp/
	・ホームズ	https://www.homes.co.jp/
グルメサイト	・食べログ	https://tabelog.com/
	・ホットペッパーグルメ	https://www.hotpepper.jp/
UGCサイト	・Quora	https://jp.quora.com/
	・Reddit	https://www.reddit.com/r/ja/

データベース型サイトの構造としては、**図1**のような形が一般的です。

データベース型サイトは、**大量の情報が適切な粒度でまとめられ、調べたい条件で絞り込みながら情報を探せる**のが特徴です。ユーザーがほしい情報にたどりつきやすいサイト構造になっており、何かを調べるときに、サイトのディレクトリをたどって情報を探すユーザーも多いでしょう。

図1 データベース型サイトのサイト構造

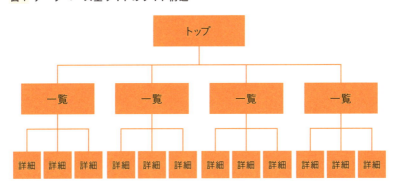

図1の通り、データベース型サイトは**「詳細ページ」**と**「詳細ページをまとめた一覧ページ（リストページ）」**を大量に保有しながら、サイトを構成します。サイトの規模としても、一般的な記事型メディアが10〜100万ページほどなのに対し、データベース型サイトは数百万〜数億ページを保有していることもそこまで珍しくありません。

■ データベース型サイトがSEOに取り組む必要性

先ほど述べたように、データベース型サイトは往々にして大規模で、数万〜数千万ページ程度の規模のものが多く存在します。ページ数が増えるほど、クローラーにすべてのページがクロール・インデックスされにくくなるため、データベース型サイトでは**サイト全体のクロール・インデックスの最適化が必須**です。

また、**大量のページを内部リンクで適切に繋ぎ合う設計**にしていく必要もあります。リストページや詳細ページなどを**ページテンプレート単位でダイナミックに改善**して、何万ページもある大量のページに対して一度にSEO効果を波及させることができます。

データベース型サイトのSEOは、クローラーの細かな動きや癖を意識しながら取り組む必要があるので、技術的にエンジニアの手を借りなければならないものが多く、相対的に難易度も高くなります。しかしその分、1つの施策で効果が出るときのインパクトの大きさは、記事型メディアの比ではありません。

以上のように、データベース型サイトは膨大なページ数であるがゆえに、SEO対策は必須です。また、適切に行えば、得られるメリットや競合優位性も大きいため、ぜひ積極的に取り組むべきです。

■ データベース型サイトのSEOで重要な点

データベース型サイトのSEOでは、次の4つが重要になります。

❶ **クロールを最適化する**→Chapter3-09
❷ **インデックスを最適化する**→Chapter3-10
❸ **PLPを一致させる**→Chapter3-11
❹ **検索クエリとページのテーママッチ度を高める**→Chapter3-12

筆者は、国内最大規模のHRサービスのインハウスSEO担当者として3年間大規模データベース型サイトのSEOに取り組んだ際も、この4つのポイントを意識して成果を上げました。

詳しくは、該当する節で述べますが、大量にあるページを適切にクロール・インデックスさせることに加え、**それぞれのページが個別に、クエリに反応するようにさせる**ことが重要です。PLPを一致させる、クエリとのテーママッチ度を高めることで実現し、順位を上げていくことへ繋げます。

ワンランク上のSEO（まとめ）

データベース型サイトのSEOは難易度が高いものの、適切な施策で続けることで大きな成果が出やすい。

Chapter **3-09**

データベース型サイトのSEO①
クロールの最適化

サマリー

何百万〜何億ものページがあるデータベース型サイトでは、検索エンジンに重要なページを優先的にクロールさせる、クロール最適化が重要です。まず、クロールの制御とクローラビリティを見直しましょう。

■ クロールされない原因と改善策

データベース型サイトのSEOで最重要になるのが「**クロールの最適化**」です。特にサイトの規模が大きくなればなるほど、すべてのページをクロールさせることがほぼ不可能になるため、課題を抱えることが多くなります。

検索エンジンは、大量のページがあるサイトの場合、独自のアルゴリズムによって**クロールの優先度をつけて順次クロールを進める**ため、優先度が低いと判断されたページはなかなかクロールされません。

未クロールのページを確認

実際にSearch Consoleのページインデックス登録レポートを確認すると、除外のURLも多いですが、「検出 - インデックス未登録」がデータベース型サイトだとよく見られます。これは、ページはすでに発見されているものの、まだクロールされていない（クロールの待ち列に入っている）ステータスです。

クロールされないことには、その後のインデックスのプロセスには移管しないため、どれだけページの中身を改善したとしても、検索結果に出てくる可能性はゼロです。クロールされていない場合の要因と改善の方向性は、**表1**のようになります。

表1 クロールされていない要因・課題・改善の作業

要因	課題	改善の作業(施策)
サイトへのクロール割当量が足りていない	クロールデマンドを高める(サイトの品質を高めてクロール割当量を増やす)	・被リンクを増やす ・外部流入を増やす ・低品質コンテンツを減らす
	クロールレートを高める(サイトパフォーマンスを改善し、クロールが物理的に回れる量を増やす)	・ページ表示速度を早める ・サーバー応答速度を早める
重要ページへのクロールが十分に割り当てられていない	重要度の低いページのクロールを減らす	・robots.txtでのクロール制御 ・nofollowタグでのクロール制御 ・内部リンクの調整 ・リンクタイプの変更
	重要度の高いページのクロール優先度を高める	・XMLサイトマップの最適化 ・内部リンクの調整

　ここでは、データベース型サイトとして重要度の高い、「robots.txtでのクロール制御」と「XMLサイトマップの最適化」について解説します。

ポイント

「検出 - インデックス未登録」の状態のときは、ページ内改善よりクロールさせるための改善が優先されます。

■ 改善策1:robots.txtでのクロール制御

　robots.txtは、検索エンジンに対して、どのURLをクロールして、どのURLをクロールしないかを指示するためのファイルです。「ドメイン名/robots.txt」と、ブラウザのアドレスバーでURL指定すると、各サイトのrobots.txtを確認できます。見たことがない場合は、実際にURLをブラウザに入力して、確認してみるとイメージしやすくなるでしょう図1。

図1　LANYのサイトのrobots.txt

```
User-agent: *
Disallow: /wp-admin/
Allow: /wp-admin/admin-ajax.php

Sitemap: https://lany.co.jp/sitemap.xml
```

▲「https://lany.co.jp/robots.txt」で表示した LANY のサイトの robots.txt の内容

　大規模サイトでは、robots.txtを活用して不要なページ群へのクロールを制御するのは欠かせません。ページとしては必要なものの、検索エンジンのクロールリソースを使ってまでクロールさせる必要のないページは、robots.txt内にクロールを許可しないDisallowの記述を加えて、クロールをブロックしましょう。

> **注意** Disallowの記述があっても稀にインデックス登録されてしまうこともあります。外部に非公開にしたいページについては、DisallowではなくBASIC認証などの適切な認証方法を使用するようにしましょう。

　クロールの制御としては、よくあるのは次のようなものです。

- サイト内検索結果ページをクロールさせない
- ログイン後にしか活用しないページをクロールさせない

　ほかにもやり方はありますが、サイト内でクロールさせる必要のないページを特定し、robots.txtのルールに沿った記述で制御しましょう。

> **注意** robots.txtで誤った記述を行うとサイト全体のページがクロールされなくなるなど多大な悪影響を及ぼす恐れがあります。実施する際にはGoogleの公式ガイドラインをよく読むと同時に、詳しい人のダブルチェックを受けた上で実行するようにしましょう。

■ 改善策2：XMLサイトマップの最適化

XMLサイトマップは、検索エンジンにクロールしてほしいページを明示的に伝えるために利用されるXMLファイルです。基本的には、ページURLとページの最終更新日時を記述します**図2**。

XMLサイトマップを活用すると、内部リンク経由では発見が遅れてしまうページを早期にディスカバー・クロールさせることができたり、記述されているURLが正規URLであることをGoogleに伝えるシグナルになったりします。

図2 適切な代替テキスト

```
XML Sitemap Index

This XML sitemap is used by search engines which follow the XML sitemap standard. This file contains links to sub-sitemaps, follow
them to see the actual sitemap content.
This file was dynamically generated using the WordPress content management system and XML Sitemap Generator for Google by
Auctollo.

URL of sub-sitemap                          Last modified (GMT)
https://lany.co.jp/sitemap-misc.xml         2024-09-24T11:22:45+00:00
https://lany.co.jp/category-sitemap.xml     2024-09-24T11:22:45+00:00
https://lany.co.jp/post-sitemap.xml         2024-09-24T11:22:45+00:00
https://lany.co.jp/page-sitemap.xml         2024-09-19T06:28:08+00:00
https://lany.co.jp/authors-sitemap.xml      2024-09-24T11:22:45+00:00

Dynamically generated with XML Sitemap Generator for Google by Auctollo. This XSLT template is released under the GPL and free to use.
If you have problems with your sitemap please visit the FAQ and the support forum.
```

> **WORD**
>
> **正規URL**
> 同じ内容のページが複数ある場合に、検索エンジンからのSEO評価を集約したいURL。

また、XMLサイトマップごとのインデックス状況は、Search Consoleから確認できるため、大規模サイトではページごとに適切にファイルを分割して作成・送信することで、インデックス率のモニタリングができる状態も作り出せます。

　注意点は、ページの最終更新日を伝えるタグ（<lastmod>タグ）は**本当にページの内容が更新された場合のみ変える仕様**にしておくことです。内容が更新されていないにもかかわらず、ハック的にlastmodだけ最新版に更新されるような状態が続くと、クローラーがsitemap.xmlを信用しなくなり、sitemap.xml経由のクロールに悪影響が出ます。

ワンランク上のSEO（まとめ）

robots.txt や sitemap.xml はエンジニアも巻き込みながら、適切な仕様でていねいに設計しよう。

Chapter **3-10**

データベース型サイトのSEO②
インデックスの最適化

サマリー

クロールの最適化の次に重要なのがインデックスの最適化です。インデックス登録してほしいページは、インデックス登録される水準にまで品質を磨き込みましょう。ここでは3つのアイデアを紹介します。

■ インデックスされないページの改善策

　世の中では日々数十億ページもの新たなWebページが生成されているといわれています。しかし、Googleのインデックスサーバーの容量には限りがあるため、すべてのページをインデックスすることはできません。そのため、Googleはアルゴリズムによってページの品質を評価し、**インデックス登録するページとしないページを判定**しています。Googleは、ユーザーにとって価値あるページのみをインデックス登録することで、限られたリソースでよりよい検索品質を維持しようとしているわけです。

　実際、クロールはされたもののインデックス登録されないページの割合は年々増加傾向にあり、Googleのインデックス品質基準は厳しくなってきている印象です。インデックス登録してほしいが登録されていないページがあれば、**検索エンジンの水準に見合うようになるまでページの品質を改善する**必要があります。

　具体的にインデックスされないページの要因と、その解決策を**表1**にまとめました。

表1 インデックスされないページの要因・課題・改善策

要因	課題	改善の方向性	解説ページ
noindexが設定されている	—	・意図していないnoindexを解除する	本節
ページの品質が低いと認識されている	サイト内・外で重複している	・サブコンテンツを充実させる	Chapter4-14
		・titleとmeta descriptionを調整する	Chapter4-09
	コンテンツ内容が薄い	・メインコンテンツを充実させる	Chapter4-14
		・リストページのアイテムヒット件数を増やす	本節
		・サブコンテンツを充実させる	Chapter4-14
	クローラーフレンドリーな状態でない	・クローラーが読み取れるマークアップを行う	本節

　メインコンテンツ・サブコンテンツの充実はChapter4-14（→P.312）、titleタグとmeta description（メタ ディスクリプション）の調整はChapter4-09（→P.277）で詳しく取り上げるため、ここでは次の3つをご紹介します。

❶ 意図しないnoindexを解除する
❷ リストページのアイテムヒット件数を増やす
❸ クローラーが読み取れるマークアップを行う

■ ①意図しないnoindexを解除する

　noindexは、当該ページをインデックスさせないようにするためのメタタグです。SEOの観点からは、低品質なコンテンツがサイト内に大量発生するのを防ぐために有効な手段です。
　データベース型サイトでnoindexタグを付与する代表的なケースは以下のものです。

・アイテムのヒット件数が0件のリストページ
・コンバージョンできない詳細ページ（応募期間が終了した求人や売り切れの商品ページなど）

サイト運営が長くなるほど仕様が複雑になっていき、意図しないnoindexタグが付与されているページが出てくることもあります。筆者の経験では、前任のSEO担当者が特定の検索軸が掛け合わさるリストページにnoindexにする仕様を設計していたり、詳細ページに対しても商品画像の有無や商品説明文の文字数などの細かいルールに沿ってnoindex制御をしていた例がありました。

ポイント

大前提として、ユーザーにとってほとんど価値のないページであればnoindexで処理するのは正しいといえます。

Search Consoleで定期的にチェックする

Search Consoleの「ページのインデックス登録レポート」の「noindexで除外されました」のレポートから意図していないページが含まれていないかを定期的に確認して、意図しないページが含まれている場合は、その設定理由を確認した上で、noindexの解除を行いましょう。

Search Consoleの「インデックス作成」→「ページ」から「ページのインデックス登録」を確認できます。インデックスに登録されていないページがある場合、**図1**のように理由と対象となるページを確認できます。

なお、Search Consoleでインデックス登録のリクエストを送信するとGoogle側の認識が早まる可能性があるため、ベターではありますが、リクエストを送らなくてもsitemap.xmlや内部リンク経由でクロールされて認識はされるため、必須ではありません。

図1「ページがインデックスされなかった理由」のレポート画面

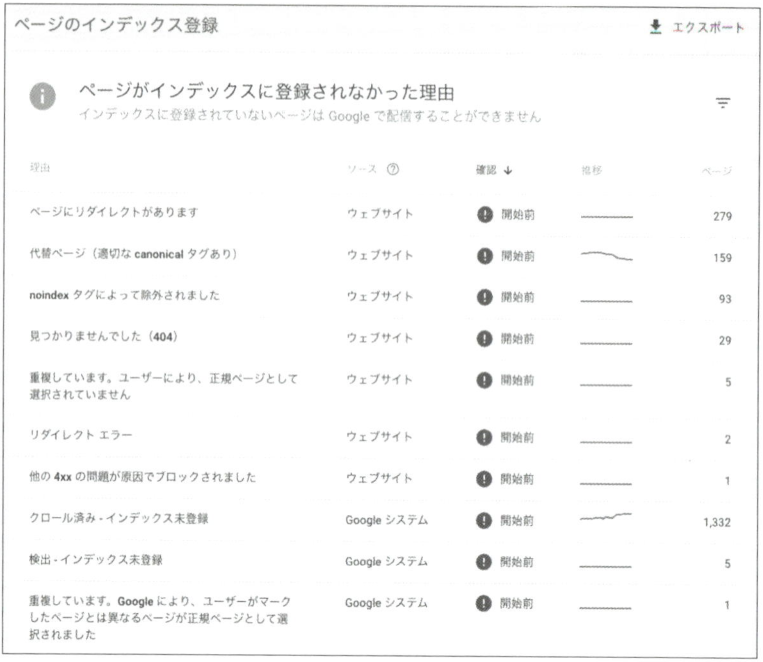
ページのインデックス登録　　エクスポート

ページがインデックスに登録されなかった理由
インデックスに登録されていないページは Google で配信することができません

理由	ソース	確認	推移	ページ
ページにリダイレクトがあります	ウェブサイト	開始前		279
代替ページ（適切な canonical タグあり）	ウェブサイト	開始前		159
noindex タグによって除外されました	ウェブサイト	開始前		93
見つかりませんでした（404）	ウェブサイト	開始前		29
重複しています。ユーザーにより、正規ページとして選択されていません	ウェブサイト	開始前		5
リダイレクト エラー	ウェブサイト	開始前		2
他の 4xx の問題が原因でブロックされました	ウェブサイト	開始前		1
クロール済み - インデックス未登録	Google システム	開始前		1,332
検出 - インデックス未登録	Google システム	開始前		5
重複しています。Google により、ユーザーがマークしたページとは異なるページが正規ページとして選択されました	Google システム	開始前		1

②リストページのアイテムヒット件数を増やす

アイテムヒット件数の少ないリストページは、インデックスされにくい傾向があります。例えば、条件で絞り混んだ場合にアイテムヒット件数が1、2件しかないページの場合、サイト内外の他ページとの重複率も高く、Googleから見てインデックスする価値が低いと判断されるためです。

そこで、アイテムヒット件数を増やすことで、インデックスされる可能性が高くなります。SEOの施策としてヒット件数を増やすには、次のような方法があります。

- リストページのアイテムヒットロジックを緩和する
- リストページにレコメンドアイテムを表示する

リストページのアイテムヒットロジックを緩和する

ロジックを緩和して、ヒット件数が多くなるようにします。例えば、「渋谷駅」のリストページに渋谷駅から徒歩圏内と考えられる「原宿駅」や「表参道駅」のアイテムも表示するようにロジックを調整します。ただ、**緩和しすぎるとユーザーが求めている情報から離れてしまう**ので、ユーザー行動の悪化に繋がりかねませんが、よい塩梅で広げることができれば、より多くの選択肢をユーザーに提供できるようになり、ユーザー行動はよくなる可能性もあります。

リストページにレコメンドアイテムを表示する

ロジックの緩和で表示されるようになるアイテムを、「近隣エリアのアイテム」といったように、レコメンド枠として掲載する施策です。この場合、「渋谷駅」近辺でアルバイトを探している人からすれば、「原宿駅」が最寄りの店舗の求人であっても、ほかの条件次第では検討対象になるため、むしろコンバージョンレート自体も上がってくる可能性があります。

レコメンド施策は筆者の経験上もインデックス率改善に効果的でした。リストページのアイテムヒット件数が多くなることで、他ページとのユニーク性が担保され、インデックス率が改善されました。

ポイント

ほかにも、そもそものアイテム数を増やすなどの本質的な改善もあります。取り組めそうな施策を検討してください。

③クローラーが読み取れるマークアップを行う

マークアップの仕方によっては、ユーザーからは見えているコンテンツでも、クローラーには見えていないコンテンツも存在します。具体的には、次のようなものです。

CSR（クライアントサイドレンダリング）
JavaScriptを使ってブラウザ側でHTMLを動的に生成するなどの手法では、クローラーがコンテンツを正しく認識できない場合があります。

> 例：X（旧Twitter）やGoogleマップなどのようなサクサク動くサイトはシングルページアプリケーション（SPA）と呼ばれる技術で作られていることが多いです。SPAの場合には、CSRでページが生成されていることが多く、SEO的にはクローラーフレンドリーではなくなります。

CSSで初期表示で非表示にしているコンテンツ
CSSで描画しているコンテンツで、読み込み時に非表示になっていて、ユーザーがクリックすると表示されるようなコンテンツのなかでは、クリックができないクローラーは内容を確認できない場合があります。

> 例：読みたい人だけが読むようなコンテンツをアコーディオンを用いて初期表示では非表示にするサイトも多く見かけます。この場合、初期表示されている要素よりも初期表示されていない要素は評価が低くなるといわれています。

CSRは、サーバー側から受け取ったJavaScriptをブラウザ上で実行し、ブラウザがWebページのコンテンツを動的に生成する仕組みです。SSR（サーバーサイドレンダリング）は、サーバー側で生成したHTMLやCSS

をブラウザが受け取り、ブラウザはレンダリングするだけで済むため、SEO的な観点ではSSRのほうがクローラーフレンドリーであり、推奨されます。

クローラーフレンドリーなページへ改善しよう

CSRをクローラーが読み解ける/読み解けないや、CSSで非表示にしていてもHTML常に記載されていたら評価される/評価されないなどは、**完全な正解がなく、常に議論の対象です。**

SEOの観点で述べると、CSRよりもSSRのほうが推奨されますし、CSSで非表示にするよりも初期からUIとして見える形で表示しておいたほうが適切です。

クローラーが読み解ける/読み解けないを深追いしすぎると、分析のための分析になりかねませんが、コンテンツが充実しているにもかかわらず、なかなかインデックスされないという問題が発生している場合には、ページがクローラーフレンドリーな状態になっているかどうかを調査して、改善できる点があれば、改善するようにしましょう。

> **ワンランク上のSEO（まとめ）**
>
> **インデックスされていない要因を特定し、適切に改善することで検索結果への表示を目指そう。**

Chapter 3-11

データベース型サイトのSEO③
PLPを一致させる

サマリー

データベース型サイトのSEOで非常に重要になるのが「PLPを一致させる」ことです。ここでは「PLPよりもほかのページがSEO評価が相対的に高い」ことでPLPが一致しないケースに焦点を当てて、改善策を検討します。

■ データベース型サイトはPLPがズレやすい

記事型メディアやサービスサイトではあまり意識しないものの、データベース型サイトのSEOでは、「PLPを一致させる」ことが非常に重要です。PLPとは、**特定のキーワードに対して優先的に検索結果に上位表示させたいランディングページ**を指します（→P.73）。

データベース型サイトには大量のページが存在するため、本来このキーワードではこの対策ページへ流入を獲得したいと思っていても（＝PLP）、実際のランディングページがずれてしまうことがあります。具体的には、**表1**のような事象があります。

表1　PLPがずれる事象と具体例

事象	具体例
一覧ページで対策したいキーワードで、詳細ページが検索結果に表示されてしまっている。	「新宿　バイト」で検索した際に、とある店舗の求人詳細ページが検索結果に表示されてしまっている。
単一条件の一覧ページで対策をしたいキーワードで、複数条件掛け合わせの下層ページが検索結果に表示されてしまっている。	「新宿　バイト」で検索した際に、新宿のオープニングスタッフのバイト一覧ページが検索結果に表示されてしまっている。

PLPの不一致を洗い出す

　PLPの不一致が起きる要因や対策方法は後述しますが、まずはきちんと状況をモニタリングできる状態を作ることが大切です。Chapter2-06の**表2**（→P.74）を参照し、検索キーワードの順位と合わせて検索結果に表示されたランディングページもモニタリングしましょう。

■ PLPが一致しない要因・課題・改善策

　PLPのずれは、Chapter3-09（→P.134）、3-10（→P.139）で解説したページの未クロール・未インデックスによっても起こりますが、ほかにも次の要因があります**表2**。

表2　PLPが一致しない要因・課題・改善策

要因	課題	改善策
PLPよりも他ページの方が検索エンジンからの相対的な評価が高い	PLPの相対的評価を上げる	・内部リンクの調整
	PLPでないページの相対的評価を下げる	・ページの情報量の調整
PLPのクエリとページのマッチ度が低い	ページのテーマ性を高める	・TDHの調整
		・メインコンテンツの改善
		・サブコンテンツの改善

　メインコンテンツとサブコンテンツの改善については、検索順位にも大きく影響してくるため次のChapter3-12（→P.152）、具体的な手法はChapter4-14（→P.312）で解説します。ここでは、次の2つを解説します。

- ・内部リンクの調整
- ・TDHの調整

■ 改善策1：内部リンクの調整

　Googleは、内部リンクを通じてサイト構造を理解し、各ページの重要度を判断します。そのため、**内部リンクが多く集まっているページは相対的に重要度が高く見積もられますし**、逆にほとんど内部リンクが張られていないページでは重要ではないと判断されます。

　データベース型サイトでは、内部リンクは多くの場合、何かしらのロジックを用いて動的に生成・表示しています。例えば一覧ページの下部にほかの検索条件の一覧ページへのリンクを表示させたり、商品詳細ページの下部にほかのおすすめ商品の詳細ページへのリンクを表示させたりするなどです。データベース型サイトの基本構造としては、ツリー型になることがほとんどです（→P.131 **図1**）。

　しかし、サイト改善を重ね、内部リンクを様々なロジックで張り巡らせていく中で、意図しないサイト構造になることも少なくありません。例えば、CVR改善に注力したサイトで、一覧ページよりも詳細ページにサイトの内部リンクが集中してしまったことが、筆者の経験上もありました。そのサイトでは、Search Consoleのリンクレポートを確認しても、「上位のリンクされているページ」の箇所に詳細ページばかりが出てきてしまう状態でした。

　このような状況では、PLPの不一致が多発してもおかしくありません。この例では、**表1**で示した「一覧ページで対策したいキーワードで、詳細ページが検索結果に表示されてしまっている」状況が起こっていました。結果として、一覧ページを表示していたらより上位表示できたはずのキーワードで順位が伸び悩んだり、検索意図と異なるページが検索結果に出ることでCVRが低下するといった、悪影響が発生していました。

内部リンクの調整の方法

　内部リンクの調整を行う具体的な方法は、詳細ページの内部リンクを

減らし、一覧ページのリンクを増やします。

・詳細ページを表出させているレコメンドリンクの数を減らす
・一覧ページ同士を繋ぎ合うような内部リンクを増やす

データベース型サイトの内部リンク構造は、重要かつ大きな効果が出やすい要素ですので、ていねいに設計しましょう。

■ 改善策2：TDHの調整

TDHとは、titleタグ・meta description・hタグ（見出し）の頭文字を取った略称で、それぞれ、ページのタイトル、概要文、見出しに使う、SEOにおいて極めて重要度の高いタグです。Googleは各ページのTDHを見てページの大枠のテーマ性や中身を判断し、そのテーマに対してどの程度の品質なのかを評価していると考えられます。

TDHが原因と考えられるPLPのずれ

対策キーワードがTDHに含まれているページは、検索結果に表示されやすくなると考えられます。例えば、ページAのTDHに対策キーワードが含まれており、上位表示できている分には問題ありません。厄介なのは、ページAにもページBにも対策キーワードが含まれている場合に、PLPがずれてしまう場合です。

例として、次の2つのtitleのページがあったとします。

A：新宿駅のアルバイト・パート・正社員求人一覧 - LANYバイト
B：新宿駅の単発（10日以内）のアルバイト一覧 - LANYバイト

「新宿　バイト」というキーワードで検索すると、本来ページAを表示したいにも関わらず、ページBが表示されます**図1**。

図1 検索クエリに対して意図しないページが表示される例

▲「新宿　バイト」の検索クエリで、「新宿　単発　バイト」のページが表示されている

　TDHからページのテーマ性が伝わることが重要だと考えると、PLPを一致させるためには、ただ対策キーワードが含まれていればいいわけではなく、**検索エンジンにページのテーマ性がよりシャープに伝わるような引き算の観点も含めて調整すべき**でしょう。

　この例では、どちらのtitleにも「新宿」「バイト」は含まれていますが、Aのタイトルにはアルバイト以外の雇用形態である「パート」や「正社員」といったキーワードも含まれています。その結果、アルバイトの雇用形態に絞っているページBのほうがテーマ性が高いと判断されている可能性が考えられます。

　実際に改善施策を検討する際には、もう一段深い調査・分析をしつ

つ、かつテストをしながら行うべきですが、この例では次のような改善案が考えられます。

> **改善例1**
> Aのtitleからパートや正社員、求人のキーワードを抜く
> A：新宿駅のアルバイト一覧 - LANYバイト

> **改善例2**
> Bのtitleにもパートや正社員、求人のキーワードを入れる
> B：新宿駅の単発（10日以内）のアルバイト・パート・正社員、求人一覧 - LANYバイト

ポイント

meta descriptionタグ、hタグもまったく同じ考え方を転用できるため、ぜひあわせて改善案を検討してください。

　求める結果や状況によって取るべき選択肢は変わってきますが、TDHの調整においては、足し算と引き算の両方の視点で考えるのがポイントです。

ワンランク上のSEO（まとめ）

内部リンクの調整とTDHの調整は、PLPを一致させ、検索順位を向上させるための重要なSEO対策。

Chapter 3-12

データベース型サイトのSEO④
検索クエリとページテーマ

サマリー

クエリとページのテーママッチ度を高めることは、データベース型サイトのSEOに限らずどのサイトタイプにおいても重要です。しかし対策方法が異なるため、ここではデータベース型サイト特有の点を解説します。

■ クエリとページのテーママッチ度とは

Googleが解釈した**検索クエリの検索意図とランディングページ（コンテンツ）の内容**、両者のテーマがマッチしているかどうかを測る度合いを、LANYでは「テーママッチ度」と呼んでいます**図1**。

図1 検索クエリとのテーママッチのイメージ

テーママッチ度を高めるために、サイトで対策しているキーワードに対して、その検索意図に合致したコンテンツを作り、**ユーザーのほしい回答ができているページ**であることが重要です。

ただし、クエリとページのマッチ度を高める場合、記事型メディアであれば、クエリの検索意図を深掘りし、読み物として検索意図を満たせるように執筆やリライトを重ねていくのが普通ですが、データベース型サイトでは施策が異なってきます。

■ データベース型サイトのマッチ度改善箇所

　データベース型サイトでは、一覧ページや詳細ページなどのページテンプレートごとに、ある程度大がかりな改善を施していく必要があります**表1**。

表1 サイトタイプと改善対象

サイトタイプ	改善対象
データベース型サイト	ページテンプレート単位
記事型サイト	ページ単位

　もし求人サイトで「新宿　バイト　カフェ」のページの順位を上げたい場合、「エリア×職種」のページテンプレートに施策を実施します。その結果、「新宿　バイト　カフェ」だけでなく「池袋　バイト　カフェ」や「新宿　バイト　居酒屋」など、ほかの大量のページも一気に改善されます。このようなダイナミックに改善が可能なのもデータベース型サイトの特徴です。

　具体的にクエリとページのマッチ度を高めるためにはmetaタグ、メインコンテンツ、サブコンテンツの3つをそれぞれ最適化していきましょう。これらの該当箇所を、データベース型サイトの主要テンプレートである一覧ページで解説すると**図2**のようになります。

図2　リストページの改善箇所

```
<title>新宿 バイトの求人｜バイト探し〇〇〇</title>
<meta name="description" content="新宿 バイトの求人は 18,345 件あります。データ入力、
ライブスタッフ、イベント系、飲食系などの仕事・転職・アルバイト情報もまとめて検索。">
```
①**メタタグ**
title タグや meta description タグ

②**メインコンテンツ**
この例では 1 セットの求人情報

③**サブコンテンツ**
この例では、1 セットの求人情報に関連
する他ページへの内部リンクのセット

　メインコンテンツは、そのページのメインとなるコンテンツですので、求人サイトの求人一覧ページであれば、1つ1つの求人情報のセットがメインコンテンツです。

　サブコンテンツとは、メインコンテンツを保管し、その情報価値やユーザー体験を高める補助的な情報や要素のことであり、求人一覧ページであれば、その一覧ページの検索軸における平均時給や人気の求人ランキングなどが該当します。

表2 改善箇所の概要

改善箇所	概要
①metaタグ	titleタグやmeta descriptionタグ
②メインコンテンツ	そのページの主要コンテンツ 求人一覧ページなら1つ1つの求人情報のセット
③サブコンテンツ	そのページの主要ではないコンテンツ 求人一覧ページなら1セットの求人情報以外の他ページへの内部リンクなど

 それぞれの改善方法の手順はChapter4-11(→P.291) やChapter4-14 (→P.312) で解説しますが、**表3**に簡単に示しておきます。

表3 改善策の一例

改善箇所	改善前	改善策
metaタグ	「新宿　バイト」で「新宿　オープニングスタッフ　アルバイト」が上位表示されるPLPの不一致	TDH調整
メインコンテンツ	掲載情報の過不足がある	①競合差分を埋める ②比較検討時に重要度の高い情報が伝わりやすいUIの設計
サブコンテンツ	掲載情報の不足や オリジナリティの低さ	①競合差分を埋める ②自社保有データの加工や外部データの有効活用

ワンランク上のSEO（まとめ）

検索クエリの改善は対象ページが多くなる分、改善効果も大きいため積極的に対策する。

Chapter **3-13**

BtoB型サービスサイトの SEOの特徴

サマリー

BtoBのビジネス領域においても、企業担当者の情報収集はオンライン検索にシフトしています。オンライン上で顧客との接点を獲得することを目的にしたサイトのSEOは、ますます重要度を増しています。

■ BtoB型サービスサイトの定義

　サービスサイトとは、**企業が提供する商品やサービスに関する情報を発信するためのWebサイト**です。BtoB領域の営業型ビジネスを行う企業が作成するサイトの多くが、ここで述べるサービスサイトにあたります。サイトの構造は様々ですが、本節ではニーズの多いBtoB領域の営業型ビジネスのサイトをメインにして解説します。

　BtoB領域において、Webサイトを通じて見込み顧客（リード）を獲得し、営業活動へ繋げるサービスサイトのSEOでは、押さえておくべきポイントがあります。

　もちろん「営業担当者がいるのであれば、SEOやWeb集客に取り組むよりも、テレアポを筆頭とするアウトバウンド営業をしたほうが効率的ではないか」という意見も存在します。私たちLANYもコンサルティングを提供する営業型ビジネスであり、こうした意見には一部同意します。しかし、Webでの露出を増やすことの重要度は年々上がってきています。その理由は顧客となり得る企業の担当者の情報探索がオンラインにシフトしているからです。

■ 情報収集を行う企業担当者との接点創出

昨今の企業担当者は、見込み顧客の購買行動におけるオンライン検索を使った情報収集の機会を積極的に活用しています。見込み顧客が情報収集を行う段階で自社を認知してもらわなければ、検討の選択肢に入るのが難しくなっています。さらに、働き方もオフィス勤務とリモート勤務のハイブリッドワークが浸透したため、営業担当者が直接訪問して自社のサービスやプロダクトを売り込む機会は大きく減少しました。

見方を転換すれば、彼らのオンラインでの情報収集時に接点を獲得できれば「検討の選択肢」に入ることができます。また、接点を獲得した際に与えられた情報が信頼できる魅力的なものであれば選択肢の中でも好意的に捉えてもらう可能性が高くなります。

ポイント

見込み顧客のオンラインでの購買行動プロセスにおいて、接点を持ち続けるための取り組みが重要です。

■ BtoBの営業型ビジネスの枠組み

BtoBの営業型ビジネスで実施されるデジタルマーケティングの流れは、大まかに次のようなものです 図1。

1. リードジェネレーション（見込み顧客を獲得する）
2. リードナーチャリング（見込み顧客を教育・育成する）
3. 商談（営業）
4. 受注・契約

まず、見込み顧客のリストを取得し、彼らの潜在的な「課題」を顕在化させ、自社のサービス・プロダクトならその課題が解決できるとサイトの内容やホワイトペーパー、ステップメールを通じて伝えていきます。また、最終的な受注・契約を増やすためには、リード獲得数を増やすことが最も重要です。企業担当者とWeb上で接点を創出するためのSEOの守備範囲は、彼らが何かを調べよう・解決しようと思って検索した際に、自社のサービスページを検索結果に表示させ、都度サイトへ訪問させるように促すことです。

図1　BtoBの営業型ビジネスのデジタルマーケティング

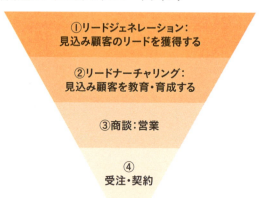

　SEOに取り組むことで、見込み顧客が検索するタイミングで**自社のサービスサイトを検索結果に表示させることができれば、訪問者数を増やす**ことができます。サイトへの訪問を強化することで自社サービスやプロダクトの認知を獲得したり、サービス資料やお役立ち資料をダウンロードしてもらう数が増えれば、リード獲得に貢献できます。

　ほかにも、サービスサイトがSEOに取り組むメリットや得られる成果には次のようなものがあります。

- 長期的な費用対効果が高い
- 確度が高いユーザーを集客できる
- 業界内における第一想起を獲得できる
- コンテンツを通して見込み顧客と接点を持ち続けられる

　BtoB型のサービスサイトにおいて、SEOは**集客強化を通してリード獲得に寄与する**ため、マーケティング施策の一貫として取り組むのがおすすめです。

■ BtoB型サービスサイトのSEOで重要な点

　営業型ビジネスにおいては、**Webでは最終コンバージョン（購入、予約、成約など）が発生しない**ことを意識し、契約確度の高いリードを営業担当者やマーケターに渡すことが大前提です。単純にWeb上のKGIやコンバージョン数でSEO成果を見ていると、最終的な契約率では悪い結果になってしまうことがあります。

　次節以降で、BtoB型サービスサイトのSEOで意識すべき点を述べていきます。

① 検索ボリュームに捉われすぎないキーワードの選定→Chapter3-14
② 多種多様なページタイプでSEOを行う→Chapter3-15
③ 社内にある情報やコンテンツを最大限活用する→Chapter3-16
④ 集客用ページと教育用ページを分けて考える→Chapter3-17
⑤ 他施策と掛け合わせて効果を最大化する→Chapter3-18

ワンランク上のSEO（まとめ）

営業型ビジネスのサービスサイトでは、SEOは集客強化を通してリード獲得に寄与するため、マーケティング施策の一貫として取り組むのがおすすめ。

Chapter **3-14**

BtoB型サービスサイトのSEO①
キーワードの選定

サマリー

BtoB型サービスサイトでは、検索ボリュームのみに捉われると事業貢献から大きく外れたキーワードを選定してしまうことがあります。検索ボリュームが少なくとも、事業貢献に繋がる「お宝キーワード」を選定しましょう。

■ 事業に貢献するキーワードを選定する

　データベース型サイトや通常の記事型メディアでは、検索ボリュームの大きいキーワードから優先的に対策を行うことは、多くの場合有効な戦略です。しかし、BtoB領域においては、検索ボリュームにのみ捉われすぎると、事業にマイナスの影響を与えるリスクがあります。具体的には、**事業戦略上適切ではないリードを獲得してしまう**ことです。仮に商談に進んでも、顧客の課題やニーズが自社の強みや支援領域からずれていると、営業コストだけかけて失注するということが起こりえます。

　BtoB領域のサービスやプロダクトは、高単価であることや、顧客の決裁フローが長いことも多いため、受注に結びつけるには、顧客の課題やニーズとそのサービスやプロダクトの強みが合致していなければなりません。そこで、キーワード選定でも、**顧客の課題・ニーズと自社のサービス・プロダクトの強みが合致するキーワード**をしっかりと選定する必要があるのです 図1。**適切なキーワード選定を行うことでリターンが最大化される**ため、時間をかけてもきちんと選び切りましょう。

図1 顧客ニーズと、自社の強みが合致するキーワードを狙う

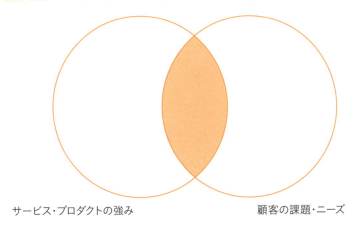

サービス・プロダクトの強み　　　　　　顧客の課題・ニーズ

■ キーワードを選ぶポイント

　キーワードを選ぶ際には、通常のキーワード選定のように競合サイトが獲得しているキーワードや軸となるキーワードから関連キーワードなどをツールで出すやり方ももちろんやるべきです。ただ、それだけではなく、次のような情報も活用しながら、見込み顧客に刺さるキーワードを見つけにいきましょう。

❶ お問い合わせ内容　　　　❺ アンケート
❷ 商談の内容　　　　　　　❻ セミナーQ&A
❸ CS（カスタマーサービス）の内容　❼ 自社／競合の導入事例
❹ 受注・失注理由　　　　　❽ SNSのコメント

　情報ソースの中でも、自社／競合の導入事例の内容は、顧客に刺さるキーワードを見つける上で非常に役立ちます。なぜなら、導入事例には次のような内容が記載されているからです。

- 導入の決め手（選ばれた理由）
- 導入前に顧客が抱えていた課題

　つまり、**自社の強みと顧客の課題やニーズが、「顧客の言葉」で記されている**のです。筆者の会社LANYでも、自社と競合の導入事例を読み解くことで、より精度の高いキーワードを選ぶことができています。
　また、導入事例以外にも、**顧客に接する営業担当者のほうがキーワード選定に役立つ貴重な情報を持っている**場合も多いです。営業担当者にヒアリングしてみてもいいですし、営業担当に依頼して顧客に直接「サービスを比較検討する際に、どのようなキーワードで検索しますか？」と聞くのもよいでしょう。

ワンランク上のSEO（まとめ）

検索ボリュームではなく、自社の強みを見込み顧客に訴求できるキーワードかどうかの視点で選ぼう。

Chapter **3-15**

BtoB型サービスサイトのSEO②
適切なページタイプでSEOを行う

サマリー

サービスサイトでは、対策すべきキーワードを同一のページで対策するのではなく、最適なページタイプを選んで対策するのがポイントです。ここでは4つのキーワードカテゴリに分けて戦略を解説します。

■ 対策キーワードカテゴリとその対策ページ

BtoBの営業型ビジネスのサービスサイトでは、対策すべきキーワードに対して、最適なページタイプを選んで運用しましょう。対策すべきキーワードカテゴリと対策ページは、**表1**の通りです。

表1 主要なキーワードカテゴリ・対策ページ・キーワード例

キーワードカテゴリ	対策ページ	LANYの場合のキーワード例
指名系キーワード	トップページ	・LANY ・レイニー ・LANY　電話番号
サービス・製品名キーワード	サービス・製品ページ	・SEOコンサルティング ・SEO記事制作代行
事例系キーワード	事例ページ	・BtoB　SEO ・SaaS　SEO ・製造業　SEO
ノウハウ系キーワード	コラムページ	・SEOとは ・BtoB　記事制作　ポイント ・SEO　内部リンク

■ 指名系キーワードの対策ページ

　指名系キーワードとは、自社名やサービス名、ブランド名などを含む検索キーワードです。指名系キーワードを対策するべきページはトップページです。

　単一の指名系キーワード（例：LANY）であれば、競合する名前のサイトがない限り特に問題なく1位表示されることが多いですが、複数のキーワードを組み合わせた指名検索では、意識しないと他サイトに上位を取られていることもあります。Search Consoleでは、定期的にどんな掛け合わせで指名検索されているかもモニタリングしながら、必要なキーワードは対策をしていきましょう図1。

図1　LANYのWebサイトの「検索結果のパフォーマンス」

　検索ユーザーが、自社に関連するどのような指名系キーワードで検索しているか、Search Consoleのデータから確認し、その中で検索表示順

1位を取れていないものがあれば、新しく対策ページを作るか、あるいは既存のトップページや関連性の高いページの改善を行うようにしましょう。

■ サービス・製品名キーワードの対策ページ

サービス・製品名キーワードとは、探しているサービスの種類や似た製品名が含まれるキーワードです。ニーズが顕在しているキーワードであり、競合性も非常に高いので、次のような改善と向き合いましょう**表2**。

表2 課題と改善策

課題	改善の方向性
サービス・製品ページの魅力の向上	・競合差分を埋める ・自社独自の情報を記載する
ドメイン力の向上	・専門性や権威性の高い被リンクを増やす
サービスや製品名における、ドメインのテーマ性の向上	・関連するキーワードの対策ページを作成し上位表示させる ・上記のページから内部リンクを寄せる
認知の向上、検索結果経由のCTRの改善	・SNS等での露出強化 ・検索結果面の磨き込みによるCTR向上

ページ単位、ドメイン単位（ドメイン力・テーマ性）、ユーザー行動レベルのそれぞれで課題を設定し、競合差分も見ながら打ち手を打っていきましょう。

■ 事例系キーワードの対策ページ

事例系キーワードは「業種業界名×カテゴリ名×事例」を掛け合わせたものです。

事務系キーワードの例
- 製造業　営業支援　事例
- SaaS　営業支援　事例
- 金融　営業支援　事例

　事務系キーワードの対策ページとしては個別の事例記事か、業界業種ごとの事例記事をまとめた事例一覧ページがおすすめです。対策ページは製品やサービスの導入検討をしている見込み客がサイト内からたどり着いて閲覧するようなページになるため、対策ページ自体の検索表示順を意識しすぎる必要はありません。

　最低限のSEO対策として、個別の事例記事であれば、タイトルや見出しに業種業界名を含める、一定の情報量のある事例を掲載する、類似の事例記事同士を内部リンクで繋ぐなどは行うべきです。また、事例一覧ページであれば、事例数を増やして一覧ページに表示される情報量を増やすのはもちろん、事例ページへのリンク以外にも、その業界業種の事例に関する簡単なサマリテキストを載せるなどの工夫をするとよいでしょう。

　検索ボリュームを分析できるツールで調査すると、事例系キーワードは検索回数が0回となっているかもしれません。しかしながら、ツールの数値には表れなくても、**顕在層で比較検討フェーズにいるような見込み客が検索している場合も多い**キーワードになるため、積極的に対策をしていきましょう。

■ ノウハウ系キーワードの対策ページ

　ノウハウ系キーワードとは、「〇〇したい」「〇〇　方法」など自分で解決したい、具体的な方法を知りたい場合などに検索されるキーワードです。本来、サービスを購入してもらう立場としてはノウハウ系キーワードで対策する必然性は低いですが、サイトのテーマ性や信頼性、専門性を高めるには適した施策です。

ノウハウキーワードの例

- 営業 コツ
- 営業 ヨミ管理 方法
- 営業 アイスブレイク 方法

ノウハウキー系ワードは、**「何かを知りたい」という検索意図のある検索**になるため、その検索意図が読み物として満たしやすい「読み物系ページ」が上位表示されることが多いです。よって、1つ1つの「知りたい」に対して、1ページ1ページコラム記事として情報提供をしてあげることで、ノウハウキーワードの流入を獲得することができるようになります。

コラムページでは、記事型メディアのSEOで説明したコンテンツSEOのベストプラクティス（→P.93）を用いて対策していきましょう。その中でも、E-E-A-Tの対策は非常に重要度が高いです。ライターとディレクター、もしくはマーケティング担当者だけで執筆するのではなく、テーマによって、サービスや製品に詳しい営業担当やCS、代表や役員レベルの人員も巻き込みながら作成していくことで、内容面も含めてE-E-A-Tが高まり、上位表示の可能性が高くなります。

ワンランク上のSEO（まとめ）

適切なページタイプでSEOを行いながら、より多くの価値あるリードを獲得していこう。

Chapter 3-16

BtoB型サービスサイトのSEO③
社内の情報やコンテンツの活用

サマリー

BtoBのコンテンツ制作では、社内にある情報を最大限活用しましょう。それらの情報を活用することで、SEOにかかる工数が削減して効率的になるだけでなく、パフォーマンスも大幅に改善します。

■ SEOで活用すべき社内情報やコンテンツ

BtoB領域の営業型ビジネスにおいては、SEOで獲得したリードに対して、営業担当者が商談するのが一般的な流れです。商談資料や提案資料、商談議事録などの中には、対策するとよいキーワードや活用できるコンテンツがあちこちに含まれており、**社内情報はコンテンツ制作における素材の宝庫**です。キーワード選定、コンテンツ制作のどちらにも積極的に社内情報を活用しましょう。SEOにかかる工数が削減して効率が上がるだけでなく、パフォーマンスも大幅に改善します。次のような情報やコンテンツを活用しましょう。

- ・サービス説明資料
- ・営業の提案資料
- ・ホワイトペーパー
- ・事例記事
- ・商談議事録
- ・お客様アンケート

社内情報は、表に出せない情報も含まれるため取り扱いには注意が必要ですが、例えば、ホワイトペーパー内の図解やスライドを記事に用いると、オリジナル画像として評価され、SEO評価が高まる可能性があります。

■ 顧客事例を使う

　ノウハウ記事を制作する際に、実際の顧客事例を導入事例記事から引用することで、よりコンテンツがリッチになりSEO評価が高まると同時に、読者が信頼しやすくなるコンバージョン率も高まる可能性があるでしょう。
　LANYが運営するブログでも、そのトピックごとに可能な限り具体的な事例を記載するようにしています。例えば、BtoBサイトのSEOで押さえておくべき点について解説する記事であれば、LANYが実際に支援したBtoB型サービスサイトのクライアントの事例を複数入れながら、実際にどのような対策をして、どのような成果が出たのかを詳しく書いています**図1**。

図1　LANYのブログ

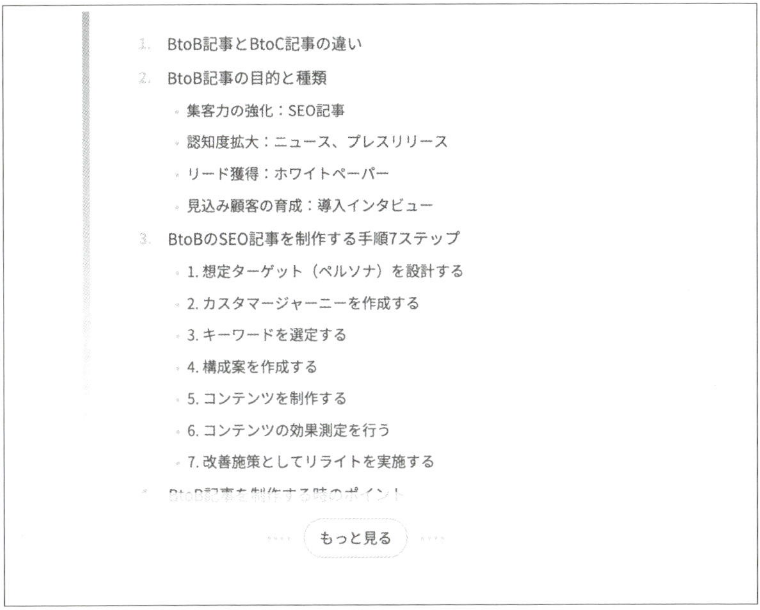

▲ https://lany.co.jp/blog/btob-seo-content/

自社の具体的な事例であれば、ほかの記事では書けない独自の情報になりSEOで評価される可能性が高いですし、何より読者も具体性のある内容を読むことによって、読了後に改善に向けて何をすべきか明確になり、行動に移しやすくなるはずです。実際に、具体事例を入れている記事のSEO評価は高い傾向にありますし、掲載できるのであれば、しない理由はないでしょう。

> 活用例：カスタマーサービスの対応マニュアルを活用して、よくある質問とその回答を記事内の掲載する

> 活用例：顧客から問い合わせがある課題に対して提案したオリジナルのプランや見積もりを参考にしながら、記事内に情報を入れる

　このように、自社にある情報やコンテンツを使ってオリジナリティの高い記事にできないか、考えてみてください。

■ 業種・業界、顧客課題などの軸で情報提供

　顧客事例にも関連しますが、**具体的な業種・業界、顧客課題を掛け合わせたキーワード**は、検索ボリュームこそ少ないものの、コンバージョンに近い見込み顧客がよく検索しています。そこで、顧客事例や社内営業情報なども参考にして質の高い業種別・課題別コンテンツを提供できると、事業へ貢献できます。積極的に取り組みましょう。
　SEOキーワードのコンテンツを通して自社の強みを理解してもらい、信頼してもらえれば、競合他社との比較検討のプロセスをスキップして「指名買い」をしてもらえる可能性も高まります。
　BtoB領域では、業種や業界ごと、また顧客が向き合う課題ごとに掛け合わせのキーワードで検索されることも多いです。SEOが軸であれば、具体例には以下のようなものがあります。

- BtoB　SEO
- クリニック集客　SEO
- 製造業　記事制作
- データベース型サイト　SEO

　キーワードプランナーなどの検索ボリュームが確認できるツールで調査しても、業種や業界、課題によって検索数はまちまちで、検索ボリュームが少なすぎるため確証が得られないことも多いですが、検索ボリュームに関わらず、自社と関連性が高いと考えるキーワードは対策することをおすすめします。

ポイント

筆者の経験上、業種・業界×顧客課題を表すキーワードは、一定数検索されています。

業種・業界×顧客課題に対応するコンテンツ展開

　LANYでも、オウンドメディアのSEOを強化したことで、指名問い合わせをいただくことが非常に多くあります。まずは、自分たちが得意な業種や業界、もしくはわかりやすい成功事例のある分野での情報提供から行っていくのがおすすめです。コンテンツはサービスサイト内のページに限らず、次のような方法で提供しましょう。

- 業界特化型記事
- 業界特化型ホワイトペーパー
- 業界特化型サービスLP
- 業界特化型事例

　上に挙げたコンテンツは、具体的な利用イメージに沿って提供できる

ことが理想です。まず、「業界×軸となるキーワード」で、SEO経由の流入を獲得し、記事を読んでもらいます。読後や再訪問時にホワイトペーパー（お役立ち資料）をダウンロードしたり、その業界向けに特化して作ったサービスLPに遷移してもらい、リードを獲得します。

並行して、サービス資料をダウンロードしてもらったり、業界に特化した事例などの情報を読んでもらうことで納得感も高めてもらい、最終的にはお問い合わせや発注依頼をもらうのが目標です。

ポイント

SEOによる集客×ホワイトペーパーによるリード転換はニッチなキーワードが刺さった潜在顧客に対して効果的です。

公開できるその業界のクライアントの事例記事などもあるとよりよいです。特に大手企業などは、社内稟議を通す際に、同一業界の事例があるかどうかを強く気にする傾向があります。公開事例があることで稟議が通りやすくなるのはもちろん、そもそもの信頼度が高まり、お問い合わせに繋がる確率も高くなるはずです。

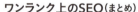

ワンランク上のSEO（まとめ）

活用できるリソースを洗い出し、積極的に活用してSEOを強化していこう。

Chapter 3-17

BtoB型サービスサイトのSEO④
教育用コンテンツ

サマリー

BtoBビジネスの領域では「検索キーワードにはなっていないけれど、見込み顧客が悩んでいること」は多く存在します。その悩みを解消する「教育用コンテンツ」の提供は、集客に直結せずともコンバージョン増加に役立ちます。

■ 集客用と教育用のコンテンツを分ける

BtoB型サービスサイトでは、集客用ページと教育用ページを分けて考えるのがおすすめです。

BtoBビジネスのSEOでは「検索キーワードにはなっていないけれど、見込み顧客が悩んでいること」は多く存在します。言い換えると、**集客用コンテンツだけを並べても、見込み顧客が本来知りたいことや解消したい悩みが解決し切れない**可能性が高いのです。

そこで役立つのが教育用コンテンツです。基本知識の整理や、検討中のサービスの選択についてより深い知識を持てるような、専門家ならではのコンテンツを提供することで、見込み顧客の課題解決を支援し、信頼関係を構築することができます。

表1に集客用と教育用のコンテンツの違いをまとめました。

表1 集客用コンテンツと教育用コンテンツの例

	利用目的	コンテンツ例
集客用コンテンツ	・新規のリード数を増やす ・認知の量を増やす	「SEO対策とは?」 →検索ボリュームも多い概論
教育用コンテンツ	・既存リードからの信頼感醸成 ・認知の質を高める	「検索クエリがない領域でSEOを展開する方法」 →ニッチな各論

■ 教育用コンテンツを届けるためのアイディア

　教育用コンテンツのページは、SEO経由だけでは検索キーワードがなく、見込み顧客にコンテンツを届けることが難しいため、各施策と組み合わせることが必須です。具体的には次のような手法がおすすめです。

- 集客用の記事から内部リンクで遷移してもらう
- メールマガジンで配信する
- SNSで発信する

　教育用コンテンツは、集客用記事と比べてアクセス数は伸びにくい傾向があります。しかし、ニッチな領域を深く掘り下げたコンテンツであるため、**読者の心に響きやすく、態度変容を促しやすい**という特徴があります。実際にLANYでも、教育用のニッチなコンテンツを読んだ方が、最終的にお問い合わせに繋がるケースが多く見られます。

ワンランク上のSEO（まとめ）

教育用コンテンツは作って終わりではなく、届けたい人に届けるための施策も掛け合わせよう。

Chapter 3-18

BtoB型サービスサイトのSEO⑤
他施策との掛け合わせ

サマリー

サービスサイトのSEOは「質の高いリードの獲得」が目的です。SEOコンテンツにほかの施策を掛け合わせれば、CAC削減や顧客獲得数増加で成果を最大化できます。具体的な掛け合わせ方を解説します。

■ CACを減らしつつ顧客獲得を増やす

　BtoB領域の営業型ビジネスでは、SEOで獲得したリードに営業がアプローチし、受注を目指します。SEOの目的は「質の高いリード獲得」ですが、リードの質を重視しすぎて獲得数が減ってしまうよりは、ある程度の質でリード数を担保して、その後の営業力などで顧客獲得に繋げるという考え方も有効です。

　重要なのは、**SEO単独の施策に閉じることなく、営業も含めたほかの施策との連携を視野に入れて取り組む**ことです。相乗効果によって、SEO単独と比べ、ビジネス全体でのCAC（顧客獲得単価）を下げつつ顧客獲得数を最大化するなど、大きな成果が期待できます。以下に、4つの掛け合わせ施策を解説します。

- SEO×ホワイトペーパー×インサイドセールス
- SEO×ホワイトペーパー×メルマガ
- SEO×ウェビナー
- SEO×ディスプレイ広告

> **WORD**
> インサイドセールス
> 見込み顧客と直接対面ではなく、メールや電話などの遠隔の手段でコミュニケーションを重ねる営業活動。

■ SEO×ホワイトペーパー×インサイドセールス

営業型ビジネスでは鉄板といえる手法です。SEO（特に記事型メディアなど）で潜在層を集客し、潜在層の興味関心のあるホワイトペーパー（お役立ち資料）をダウンロードしてもらう過程で、電話番号やメールアドレスといった顧客情報を獲得します。その後、インサイドセールスチームが取得したメールや電話を活用して顧客とコミュニケーションし、営業活動を行います。

どの記事からどのホワイトペーパーをダウンロードしたのか確認できるため、インサイドセールスとしてもアプローチをしやすい掛け合わせ施策です。

例えば、LANYのオウンドメディアで「BtoB　記事制作」というキーワードで上位表示されている記事から、「BtoBのSEOコンサルティングの事例集」がダウンロードされたとします。この場合、インサイドセールス担当者は、ダウンロードした人がBtoBのSEOに関心があり、LANYのSEOコンサルティングサービスや実績に興味を持っていると推測できるため、インサイドセールスでは具体的な提案を交えたアプローチをすることができます。

ポイント
何のフックもないテレアポと比べ、すでにある程度興味を持ってくれているため、商談に繋がりやすいでしょう。

■ SEO×ホワイトペーパー×メルマガ

　インサイドセールスの代わりに、獲得したリードに対してメルマガなどでアプローチしていくのも効果的な手法です。こちらもどの記事から、どのホワイトペーパーがダウンロードされたのか確認できるため、メルマガの内容をパーソナライズして、アプローチできます。MA（マーケティングオートメーション）ツールなどを活用すれば、リード獲得の経路ごとに独自のステップメールなどを組むことも可能です。

　また、BtoBの商材では検討プロセスが非常に複雑かつ長いことも珍しくないため、潜在層の見込み顧客に対していきなり商談を設定して契約に至るということがあまり考えられない商材もあります。そのため、将来的に接点を維持して、**いざ困ったときに思い出してもらえる状態を作るために、定期的なメルマガ配信をし続ける**施策は非常に重要です。このような長期的なリードの育成の入り口としても、SEOは活躍します。

ポイント

SEOによるリードジェネレーション×メルマガによるリードナーチャリングで**顧客獲得数を最大化しましょう。**

■ SEO×ウェビナー

　SEO集客した記事やサイト上にウェビナーの告知をして参加を募るのもBtoB領域のビジネスでは効果的な施策の一つです。ウェビナーに参加してもらう際に、電話番号やメールアドレスのリード情報が獲得できるのはもちろん、ウェビナーでは半ば商談のような動きもできます。

　電話やメールでアプローチする時は1to1のコミュニケーションが取れるのがメリットですが、ウェビナーであれば1toNのコミュニケーショ

ンができ、同時に複数人にアプローチできる点で効率的です。またお互いの顔も見えるため、信頼感の醸成にも繋がるでしょう。LANYでも、定期的にウェビナーを行っていますが、SEO経由でも多くの参加者がいます**表1**。

表1 LANYのウェビナー参加者の獲得経路

ソース	ソース	ビュー数	送信数	コンバージョン率
1	Eメールマーケティング	276	140	50.72%
2	他のキャンペーン	260	35	13.46%
3	オーガニックソーシャル	98	16	16.33%
4	直接トラフィック	93	16	17.20%
5	**オーガニック検索**	**87**	**9**	**10.34%**
6	リファーラル	12	4	33.33%
7	検索連動型広告	8	1	12.50%

▲ 5行目が検索経由の数値データ

　SEO経由では、まだ自社のことを知らない見込み顧客（新規リード）が集客されます。ウェビナーのようなフックがあることによってリード化することができるのは非常に効果的です。新規リード獲得数を最大化するために、定期的なウェビナー開催なども検討してみてください。

■ SEO×ディスプレイ広告

　SEO経由で記事を閲覧したユーザーに対して、リマーケティング広告を配信し、リード獲得に繋げる手法です。記事を閲覧している時点である程度の興味関心が明確になっているため、リマーケティング広告の成果も上がりやすく効果的な施策といえます。

　LANYでも、オウンドメディア×リマーケティング広告を組み合わせた施策で、多くの成功事例を持っています。オウンドメディアを閲覧した方へのリマーケティング広告をすることで、**表2**のような効果が得

られます。

表2 リマーケティング広告配信の効果

期待できる効果	詳細
ターゲット精度の向上	オウンドメディアを訪れたユーザーは既にそのコンテンツに興味を持っている可能性が高いため、リマーケティング広告を通じて再び接触することで、コンバージョンの可能性が高い。
ブランディングの強化	リマーケティング広告により、ユーザーが複数回ブランドに触れることで、認知度や信頼性が向上しやすくなる。
クロージング効果	すでに興味を持っているユーザーに対して、リマーケティング広告で特典やプロモーションを提供することで、購入や問い合わせなどの行動に繋げやすくなる。
データにもとづいた最適化	オウンドメディアでのユーザー行動データを活用することで、リマーケティング広告のクリエイティブや配信設定をより効果的に最適化することができる。

このように、SEOとほかの施策を掛け合わせるには、SEO以外の知見やほかのメンバーとの連携が必要になりますが、それ自体を楽しんで成果を出しましょう。

ワンランク上のSEO（まとめ）

ほかの施策と掛け合わせてSEOの効果を最大化することで、事業全体の顧客獲得数の増加や、顧客獲得効率の改善に繋がる。

Chapter 3-19

店舗型サービスサイトのSEOの特徴

サマリー

店舗型ビジネスのサービスサイトは店舗を訪問してもらうことがコンバージョンです。BtoB型サービスサイトとは異なる手法のキーワード選定や上位表示を目指すための戦略が必要になります。

■ 店舗型ビジネスのサービスサイト

　企業が提供する商品やサービスについての情報を発信するサイトの中でも、店舗運営を行う店舗型ビジネスのサービスサイトは、Chapter3-13〜18（→P.156〜179）で解説したBtoB型サービスサイトとは異なるSEO施策が重要になります。代表的な店舗型ビジネスには次のようなものがあります。

主要な店舗型ビジネス

・飲食業（カフェ、居酒屋など）
・小売業（雑貨店、アパレルショップなど）
・美容系サービス（美容院、ネイルサロンなど）
・士業（法律事務所、税理士事務所など）
・教育・学習支援業（学習塾など）
・不動産・建設業（不動産会社、工務店など）
・観光・レジャー業（旅館、ホテルなど）
・医療・療術業（接骨院、美容クリニックなど）

■ 店舗型のサービスサイトがSEOに取り組む必要性

店舗型ビジネスのサービスサイトでは、**最終的なコンバージョン（売上げが発生する行動）は店舗に来てもらうこと**です。そのため、SEOでは、ビジネスを展開しているエリアにおいて、「エリア×ビジネスカテゴリ」（例：「新宿　居酒屋」「新宿　パーソナルジム」「新宿　医療脱毛」など）で上位表示を取ることが最重要です。仮に北海道の店舗を運営しているなら、沖縄在住の人にリーチできても、来店してもらえる可能性は極めて低いためです。

ポイント

細かなキーワードよりも「エリア×ビジネスカテゴリ」のキーワードで、上位表示を目指しましょう。

Googleはユーザーの位置情報によって検索結果を変えることから、「エリア×ビジネスカテゴリ」で上位表示を取ることが、ビジネスカテゴリ名単一で上位表示を獲得することにも繋がります。

例えば、新宿区で「ピラティス」と検索すると、新宿にあるピラティスの店舗ページが上位表示されるのはみなさんご存じでしょう。以上のことから、ここでは、**店舗型ビジネスがエリア名クエリで上位表示を獲得するために必要なこと**に絞って解説していきます。

■ 店舗型のサービスサイトのSEOで重要な点

店舗型ビジネスサイトでは、「エリア×ビジネスカテゴリ」で上位表示をさせることが最重要です。そのため、**エリアキーワードをトップページもしくは店舗ページで対策**します。1店舗のみのビジネスであればトップページ、複数店舗を展開している場合には店舗ページを対策す

る、というような具合です。次に挙げるエリア系キーワードで上位表示するためのポイントを次節以降で詳しく見ていきます。

①　対策ページ（トップ／店舗ページ）の品質向上→Chapter3-20
②　サイトのエリアのテーマ性を向上→Chapter3-21
③　MEOのパフォーマンス向上→Chapter3-22
④　エリアにおける認知度の拡大→Chapter3-23

ワンランク上のSEO（まとめ）

トップページであれ、店舗ページであれ、対策方針は大きく変わらない。サイト全体を見直すつもりで取り組もう。

Chapter 3-20

店舗型サービスサイトのSEO①
対策ページの品質向上

サマリー

エリア系キーワードで上位表示を目指すためには、まずエリア系キーワードの対策ページを磨き込みます。競合と差別化を図る情報や、自社の強みをアピールできるような店舗情報の拡充がポイントです。

■ エリア系キーワードの課題と改善策

エリア系キーワード対策の課題と改善策を**表1**にまとめました。

表1 エリア系キーワードの課題と改善策

課題	改善策
店舗ごとのページの独自性の向上	・店舗ごとのスタッフの紹介やコメントの挿入 ・店舗ごとの内装写真等のオリジナルコンテンツの挿入 ・店舗ごとの利用者のコメント（クチコミ）の挿入
ユーザーニーズを捉えた情報の量と質の向上	・ユーザーが検討する上で必要な情報の挿入（営業時間や住所、費用など） ・最寄駅からのアクセス方法を写真や動画で掲載 ・選ばれる理由等の共通コンテンツの挿入

ビジネスモデルごとにそれぞれ細かく留意すべき点はあるものの、大枠としては、**表1**の課題と改善策を参考にしながら、店舗の情報を可能な限り充実させていきましょう。

ポイント

競合サイトや類似ビジネスで上位表示されているサイトを参考にして改善の打ち手を模索しましょう。

ただし、病院やクリニックのサイトの場合、医療広告ガイドラインを遵守する必要があります。YMYL（→P.35）と呼ばれる、人の人生に大きな影響を与える分野でのSEOでは、ほかの領域以上に「情報の信頼性」が重要視されます。情報発信の際には、関連する法律やルールを必ず守りましょう。

医療広告ガイドラインに違反する表現は、閲覧者の人生に悪影響を与える可能性があるだけでなく、SEOにおいても信頼できない情報と判断され、検索順位が大幅に下がる可能性があります。ガイドラインの詳細については厚生省の医療広告ガイドラインや、Googleの広告ポリシーヘルプ[※1]などで各自確認する必要がありますが、例えば、効果効能を謳うクチコミの掲載をするのはNGです。スタッフの経歴の掲載の仕方も裏づけのない肩書きはガイドラインに抵触することがあります。注意すべき点は非常に多岐に渡ります。

■ 対策ページを磨き込むための考え方

LANYでは、店舗系ビジネスのサイトのSEOコンサルティングに入る際、**表2**のような星取表を作成し、競合との差分を可視化するところからはじめます。足りないコンテンツがあれば制作・補足するなどします。星取表で競合との差分が可視化できたら、**競合には存在しているが自社には存在していない項目**は、可能な限り制作をしていきましょう。ミニマムなところからはじめるのであれば、優先順位としては多くの競合サイトが共通して対策しているものから先に制作していくのがおすすめです。

※1 https://support.google.com/adspolicy/answer/176031?hl=ja

表2 競合との差分を可視化する星取表

課題	自社	競合A	競合B	競合C	競合D	競合E
店舗概要	○	○	○	○	○	○
アクセス	○	△	○	○	○	○
店舗／サービスの特徴	○	○	○	○	○	○
店舗紹介動画	○	○	×	×	×	×
店舗の内装写真／設備情報	○	○	○	○	○	×
お悩み(問題提起)	○	×	×	×	○	○
利用目的	○	×	×	×	○	○
メディア掲載実績	○	○	×	×	×	×
選べるメニュー	○	×	×	×	×	○
セッションの例	○	×	×	×	×	○
料金	○	○	○	○	○	○
他サービスとの比較	○	×	×	×	○	×
店舗のクチコミ	△	○	○	○	△	○
お客様の声	○	×	×	×	×	×
ビフォー／アフター	○	×	△	×	×	×
スタッフ紹介	○	○	○	○	○	○
スタッフ紹介動画	×	○	×	×	×	×
スタッフのプロフィール	×	○	×	×	×	○
予約までの流れ	○	○	○	×	○	○
FAQ	○	○	○	○	○	○
近隣の店舗	○	○	○	○	×	×
感染症予防策	△	○	○	×	×	×
コラムへの導線	×	○	×	×	×	○
代表メッセージ	×	×	×	×	×	○

競合に用意されていないコンテンツを作る

　競合と比較して十分に充実した店舗ページに仕上げるだけでも成果は出ますが、よりSEOを突き詰めていくのであれば、類似するサービスでSEO評価の高いサイトも参考にしましょう。

　例えば、ピラティスの店舗を運営しているのであればパーソナルジムのサイトを参考にしたり、美容クリニックの店舗であればAGAクリニックのサイトを参考にしてみるのもよいでしょう。もしくは、実際に顧客や見込み顧客にヒアリングをして、どのような情報があるべきかのリサーチをしてみてもよいかもしれません。

　必要な情報が洗い出せても、その情報をページに入れていくためには、スタッフや店長の協力が必要になったり、顧客の声を入れるためには顧客も巻き込まなければいけなかったりと、かなり労力はかかります。協力を得るには、「**エリアキーワードで上位表示を獲得することで売上げが大きく上がる**」ことを理解してもらい、周囲の協力を得やすい雰囲気作りからはじめてみましょう。

ワンランク上のSEO（まとめ）

エリア系キーワードの対策ページの磨き込みは必須です。様々な角度から磨き込んでいきましょう。

Chapter **3-21**

店舗型サービスサイトのSEO②
エリアのテーマ性の向上

サマリー
エリアキーワードでの上位を目指すには、店舗ページの磨き込みに加え、エリアにおけるテーマ性を高めていくことが重要になります。ここでは3つの効果的な対策を解説します。

■ エリアのテーマ性を高める3つの対策

エリアのテーマ性を高めるとは、具体的に次のようなものを指します。

1. エリアに関するキーワードをページ上に含める
2. エリアに紐づくサイトからの被リンクを獲得する
3. エリアに関するキーワードでの上位表示率を高める

■ ①エリアに関するキーワードをページ上に含める

エリアキーワードを対策するためには、最も基本的な対策が、エリアに関するキーワードをページ上に含めることです。Chapter3-11(→P.149)で解説したTDHにエリアキーワードが入っているか確認しましょう。

■ ②エリアに紐づくサイトからの被リンクを獲得する

エリアに紐づくサイトからの被リンク獲得については、エリアごとの店舗を紹介するポータルサイトなどからの掲載を獲得したり、同一エリアで展開する他ビジネスのサイトからの被リンクを獲得するなどが効果的です。

店舗型ビジネスの場合、集客を目的にポータルサイトに媒体掲載費用を払い、自店舗を掲載してもらうケースも多いでしょう。こうした媒体掲載は、直接的な宣伝・集客の面以外に、店舗を構えるエリアと関連度の高いページから被リンクを獲得できるため、SEOの面でも恩恵を受けることができます。

■ ③エリアに関するキーワードでの上位表示率を高める

　対策キーワードのサジェストや共起語検索でも上位に表示されるようにする取り組みを指します。例えば、「新宿　パーソナルジム」のキーワードで上位表示を目指すために、関連キーワードである図1のようなキーワードで上位表示していることがプラスに働く可能性は高いです。

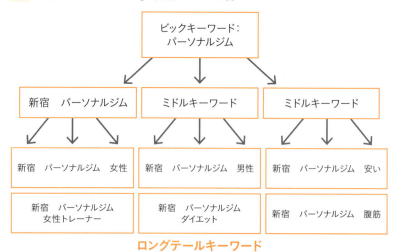

図1 「新宿　パーソナルジム」の関連キーワード例

▲「新宿　パーソナルジム」からニーズは細分化でき、それぞれの関連キーワードを対策することでミドルキーワード、ビッグキーワードでも上位表示が目指しやすくなる

なぜなら「新宿　パーソナルジム」というキーワードの検索意図の中には、女性向けのジムを探したいというニーズも、男性向けのジムを探したいというニーズも、ダイエット目的でジムに通いたいというニーズも含まれているはずだからです。

サイト全体として、それらの多くの検索ニーズに応えられていれば、最終的に上位表示を目指したい「新宿　パーソナルジム」のような、複数の検索意図が含まれているいわゆるビッグキーワードでの上位表示をしやすくなります。

関連キーワードは、トップページや店舗ページでまとめて対策をしてもいいですし、ここで挙げた例でいえば、「新宿　パーソナルジム　ダイエット」に対しては、ダイエット向けの特設コースページを店舗ページの下に紐づけて作ってみてもいいでしょう 図2。

図2　パーソナルジムのサイト構造例

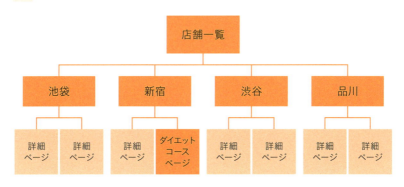

ワンランク上のSEO（まとめ）

サイト全体でエリアのテーマ性を向上させ、エリア系キーワードでの上位表示を目指そう。

Chapter 3-22

店舗型サービスサイトのSEO③
MEOのパフォーマンス向上

サマリー

MEOとは、Googleマップの検索結果で自サイトを上位表示させるための施策です。MEOで上位表示を実現することは、店舗ビジネスにとって大きなメリットになるため、SEOと並行して実施することをおすすめします。

■ 店舗型ビジネスではMEOもメリットに繋がる

MEOはMap Engine Optimization（マップ検索エンジン最適化）の略で、主に**Googleマップの検索結果で自サイトが上位表示されるために様々な施策を行う**ことを指します。Googleマップからの検索でなくても、通常の検索結果画面にも**図1**のように地図上におけるお店（ローカルビジネス）の情報が表示されます。

図1 「新宿　パーソナルジム」の検索でローカル検索結果が表示

ローカル検索結果で上位表示できると、直接的に来店する顧客を増や

すことに繋がります。あくまで筆者の経験則ですが、ローカル検索結果で上位表示されると、通常の検索結果面でも上位表示されやすくなる印象があります。

ローカル検索と通常の検索結果に明確な相関があるにせよないにせよ、MEOで上位表示を達成することは店舗ビジネスにとって大きなメリットになりますので、可能な限り対策をしていきましょう。

■ MEOの実施方法

MEOの具体的な施策としては、次のような改善を行います。

・Googleマップへの店舗のクチコミの量と質と頻度の向上
・定期的に情報をメンテナンスする
・細かい項目も積極的に追加する

Googleマップへの店舗のクチコミの量と質と頻度の向上

MEOで何よりも重要と考えられるのは、**クチコミの量と質と頻度**です。多くの高品質なクチコミを高頻度かつ定期的にもらい続けることが、MEOで上位表示を目指すためには重要です。

ただし、クチコミを集めるためにサービス（物品）を提供して書いてもらったり、来店してない人に虚偽のクチコミ執筆を依頼するなどはガイドライン違反です。店舗で積極的に声がけをしたり、QRコードなどを設置してクチコミ投稿がしやすい状態を作るなど、できることから地道に取り組みましょう。

ポイント
最終的には「素晴らしいサービスありき」で、自然にクチコミが集まる状態を作り上げていくのが理想です。

定期的に情報をメンテナンスする

　クチコミ以外の項目は重要度が下がりますが、きちんと定期的に情報のメンテナンスを行うことも重要です。定休日や営業時間の変更をお知らせする、メニューを更新するなど、店舗に行くかどうか迷っている人に役立つ情報は積極的に更新しましょう。

細かい項目も積極的に追加する

　Googleマイビジネスを使うと、店舗情報にはかなり細かい項目含めて情報登録が行えます。可能な限り埋めていくなどの基本を徹底しましょう。

　Googleマップで検索する人も一定数存在しますし、検索結果面から通常の検索結果ではなくマップの中をクリックする人もいます。少しでも機会損失をなくせるようにしましょう。

ワンランク上のSEO（まとめ）

Googleマップへの最適化は、現在の店舗型ビジネスでは欠かせないもの。SEOにも役立つので力を入れて取り組もう。

Chapter **3-23**

店舗型サービスサイトのSEO④
エリアにおける認知度の拡大

サマリー

エリア系キーワードで上位表示になるためには、店舗が所在するエリアにおける認知度も関わってきます。ここでは、その際に理解すべき「トピックオーソリティ」の概念や対策について解説します。

■ 特定の分野での信頼性や専門性を評価する仕組み

トピックオーソリティとは、**特定の分野について信頼性が高く専門的なサイトかどうか**を、Googleが評価するための仕組みです。同じ分野のサイトであれば、トピックオーソリティが高いサイトのほうが、検索上位に表示されやすくなるとされています。

主にニュース関連の検索結果に影響を与えるため、**ローカルニュースや専門性の高い情報源を高く評価する傾向**があります。筆者は、このようなエリアにおける認知度も、SEOの上位表示に関わってくると考えています。

WORD

トピックオーソリティ
Googleのランキングシステムの仕組み。「その話題や場所に関する情報源の注目度」「影響力と独自の報道」「情報源の評判」などのシグナルに注目し、分野ごと専門性の度合いを判断する。

■ 店舗型ビジネスとトピックオーソリティの関係性

トピックオーソリティは、ニュース系の検索クエリに関するランキングシステムではあるものの、同様の考え方をエリア系クエリでもするべき、というのが筆者の考えです。特定のエリアの人がよく検索する店舗があるとしたら、Googleはそれを評価して、「エリア名×ビジネスカテゴリ」のクエリでも上位表示しやすくなると考えています。

つまり、エリアにおける認知度が高ければ、特定のエリアの人々に店舗サイトが多く検索され、その結果、非指名検索（エリア×ビジネスカテゴリクエリ）でも上位表示するという流れです。

もう少し具体的に説明すると、新宿に住んでいる人（新宿のIPアドレスを利用する人）がたくさん指名検索する「〇〇屋（カフェ）」という店舗があったとすると、「新宿　カフェ」という検索クエリに対して、「〇〇屋」が上位表示しやすくなるのではないか、という仮説を立てています。

また、エリアにおける認知度の拡大は、一般的にはSEO施策よりもオフライン施策などが多くなりますが、例えば、実現可能性であれば、ローカルテレビやラジオで紹介してもらう、ローカルメディアに掲載してもらうなどオフライン施策を実施は有効です。SEOのためにも積極的に実施していきましょう。

ワンランク上のSEO（まとめ）

基本的なSEOに加え、店舗ビジネスならではのエリア対策も行うことで来店数の増加を目指そう。

Chapter 3-24

CGMサイトのSEOの特徴

サマリー

CGMは、掲示板やクチコミサイトなど、ユーザー投稿型メディアです。SEO施策はデータベース型サイトのケースと基本は同じですが、CGMでは「低品質なコンテンツ」に特に注意が必要です。

■ CGMサイトの仕組み

CGMとは、Consumer Generated Media(コンシューマー・ジェネレイテッド・メディア)の略で、掲示板やクチコミサイトなど、一般ユーザーがコンテンツを投稿することで成り立つメディアのことです**図1**。代表的なCGMサイトには、ナレッジコミュニティのYahoo！知恵袋やグルメクチコミサイトの食べログなどが挙げられます。

> **WORD**
>
> **ナレッジコミュニティ**
> ここでは、インターネット上でユーザー同士が知識や知恵を共有するコミュニティー型のQ&Aサイトなどを指す。

図1　CGMサイトの仕組み

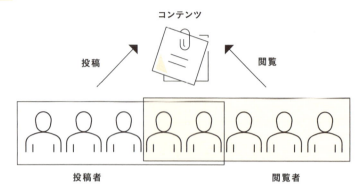

■ CGMサイトのSEOの必要性

　CGMサイトの一番の特徴は、1つ1つのコンテンツをユーザーが作っていくため、**運営者側ではコンテンツの品質や量のコントロールが非常に難しい点**にあります。基本的には大規模サイトになっていくことが多く、データベース型サイトと捉えてSEOに取り組む必要があります。

　CGMサイトは、有料会員しか見られない部分を作ることでマネタイズするのが主流です。有料会員数を増やすためには、**まずは検索エンジン経由などでサイトの訪問者（無料で閲覧する人）を増やす**ことが重要になります。

　CGMサイトのSEOは非常に癖があります。筆者も大規模CGMサイトをいくつかコンサルティングをしてきましたが、CGMサイトならではの難しさや楽しさがあります。

　基本的にはデータベース型サイトのSEO（→P.130〜155）で意識すべき点を押さえておけば大きな問題はありません。ただ、ユーザーコンテンツのページ品質はコントロールが難しく**「低品質コンテンツ」が多く生まれてしまうという特有の問題**に向き合わなければなりません。

　Googleには「ヘルプフルコンテンツシステム」と呼ばれる品質の高いコンテンツを上位表示し、品質の低いコンテンツおよびそのコンテン

ツを保有するサイトの評価を下げるような仕組みもあるため、低品質コンテンツの放置は避けたいところです。

ポイント

CGMではいかにしてサイトの品質やページの品質を保ち続けるのかが、ほかのSEOにはない難しさです。

■ CGMサイトのSEOで重要なポイント

大前提として、ユーザーがコンテンツを投稿するCGMの特性上、**完璧な品質のコントロールは不可能**ですが、CGMサイトのSEOに向き合ってきた中で、サイトの品質を保ち続けるために効果のあると考える対策3つを、次節以降で解説していきます。

❶ index／noindexの制御をていねいに行う→Chapter3-25
❷ ユーザー投稿画面の最適化→Chapter3-26
❸ 内部リンクの適切な設計→Chapter3-27

ワンランク上のSEO(まとめ)

CGMサイトのSEOでは、データベース型サイトのSEOに加えて、サイト品質を保つための施策が求められる。

Chapter 3-25

CGMサイトのSEO①
index／noindexの制御

サマリー

CGMでは低品質コンテンツをクロール・インデックスさせないように制御することが重要になります。低品質な投稿を事前にインデックスさせないために、制御ロジックの考え方を見ていきます。

■ ページごとにインデックスを制限する

CGMサイトでは、ユーザーがコンテンツを投稿するため、ページ品質のコントロールしたくとも内容を書き換えることはできません。そこでサイトの運営側では、**検索エンジンにインデックスさせるページとさせないページのルールをていねいに定め**、index／noindexの制御を行い、低品質なページが多いサイトとして判断されないようにします。

ポイント

大量の低品質コンテンツがindex対象でサイトの品質が低くなると、検索順位が非常に上がりにくくなります。

■ index／noindexの制御ロジックの考え方

サイトやビジネスモデルごとに差はありますが、大枠のイメージとして、Googleは次のようなロジックで品質を判断します。

- 画像の有無
- 文字数による閾（しきい）値
- 投稿日からの経過時間
- (Q&A型であれば) 回答の有無

　最初からルールを設けるのも一つの手ですが、ていねいにルールを設計するには、**実際にGoogleにインデックスされたページ、インデックスされなかったページの傾向を比較**して決めていくのがおすすめです。

ポイント

文字数が一定数以下、画像が含まれていないページはインデックスされにくいといった傾向があるようです。

　Search Consoleの「ページ インデックス登録レポート」の「クロール済み - インデックス未登録」のステータスにあるページなどを深掘りしながら、index／noindexの制御を行うためのルールを定めていきましょう。
　ルールを定めるにあたって、インデックスされているもの／されていないものの傾向分析を行ってください。筆者の経験上、文字数が少ないものがインデックスされていない、Q&A系のCGMサイト（Yahoo！知恵袋など）で回答がついていないものがインデックスされないなどの一例が現場でもよく見られます。
　傾向が見えてくると、的確なindex／noindexの制御ルールを設計することができます。

■ 重複コンテンツへの対処方法

　CGMサイトが向き合うもう一つの大きな課題に「**重複コンテンツの問題**」があります。ユーザーが自由にコンテンツを投稿すると同じよう

な投稿が起こったり、コンテンツの二次利用などが発生するため、どうしても類似コンテンツが生じてしまいます。

SEOの観点から、重複コンテンツはサイトに悪影響を及ぼす可能性があります。そのため、可能な限り重複コンテンツはインデックスされないように対策することが重要です。

例えば、システムでページ内容の類似度を測定し、類似しているコンテンツの場合は、片方にcanonicalタグ（→P.287）を設定するなどの対策を検討しましょう。

WORD

canonicalタグ
重複コンテンツの中から評価対象となる代表ページ（正規URL）を指定するタグのこと。Googleはあくまでヒントとして活用するため、絶対にcanonical先のページが正規化されるというわけではない。

ワンランク上のSEO（まとめ）

サイトの評価に悪影響を与えかねない低品質ページを特定し、適切に対処することが大事です。

Chapter **3-26**

CGMサイトのSEO②
ユーザー投稿画面の最適化

サマリー

CGMのサイトで最も大きな効果が期待できる施策は、「ユーザー投稿画面の最適化」だと考えます。ユーザーが投稿するコンテンツの品質を高めるために、ユーザー投稿画面の磨き込みを行いましょう。

■ 投稿画面の最適化がコンテンツの質の向上に繋がる

　CGMのサイトで最もレバレッジが効く施策が「ユーザー投稿画面の最適化」であると考えます。ここまで述べた通り、CGMは一般ユーザーがコンテンツを投稿することによって成り立つメディアであり、1つ1つのコンテンツはユーザー投稿によって生み出されます。そのため、ユーザーが投稿するコンテンツの品質を高めるためには、ユーザー投稿画面の磨き込みが非常に重要です。

投稿画面を最適化する具体策

　投稿画面の最適化は、ユーザーが投稿しやすいようユーザビリティの向上を図るほかに、質の低い投稿を減らす対策も含みます。具体的には次のようなものが考えられます。

- ・コンテンツの下書き保存機能をつける
- ・投稿テンプレートを提供する
- ・プレースホルダーを用意する
- ・画像や動画をドラッグ&ドロップで投稿できるようにする
- ・プレビュー機能をつける
- ・必要文字数に対する進捗バーをつける

- NGワード除外機能をつける
- 投稿の不備に対するエラーメッセージを最適化する
- 投稿画面をモバイル最適化する
- 音声入力ができるようにする

> **プレースホルダー**
> ユーザーがあとから入力する文字や値の代わりに、仮で入力されている文字や値。入力方法や入力例をユーザーに提示する機能。

　ほかにも、世の中にある代表的なCGMサイトのユーザー投稿画面を実際に使ってみながら、**どうしたらユーザーが高品質な投稿をしたくなるか（できるようになるか）** を考えていきましょう。

　ユーザーが生み出すCGMコンテンツの量と質、両方が優れていれば、自然にサイトのSEOは伸びていきます。

低品質な投稿を減らす工夫

　また、ユーザー投稿画面の最適化に加えて、投稿ルールをインターフェイスに反映し、ルール違反や低品質なページが生まれない仕組みを取り入れることも考えましょう。

　例えば画像は1枚以上、文字数は200文字以上など、SEO的にある程度の品質が担保されるような内容でないと投稿できないようにするなどです。投稿ルールを厳しくすればするほど、投稿量は反比例で減少する可能性があるため、質と量、トレードオフのバランスが重要になります。

> **ワンランク上のSEO（まとめ）**
> 高品質な投稿を多く獲得するために何ができるか、実際の投稿画面や投稿ルールを参考に施策を考える。

Chapter 3-27

CGMサイトのSEO③
内部リンクの適切な設計

サマリー

分単位で更新されるCGMでは、新着ページがクロール・インデックスされるまでのリードタイムを短縮することで、トレンド系でまとまった流入を獲得できる可能性が高くなります。内部リンクで対策しましょう。

■ 投稿数が多いCGMサイトの課題

　CGMサイトは、人気になればなるほど、分単位で新しいページが生成され続けます。その際、課題になるのは次のような点です。

- 新着ページがクロール・インデックスされない
- ページが増えれば増えるほど、内部リンク設計が煩雑になっていく

　新着ページの迅速なクロールとインデックスは、CGMサイトに限らず、SEOにおいて重要な課題です。新着ページは最新のトレンドを反映している可能性が高く、**多くのトラフィックを獲得できるチャンスがある**ため、できる限り早くクロール・インデックスされるように対策し、クロール・インデックスのリードタイム（はじまりから終わりまでの所要時間）を短くすることが重要です。

■ クロール・インデックスのリードタイムの短縮化

　クロールとインデックスのリードタイムを短くするには、URLの発見速度を早めることと、URLの発見後のクロールまでのリードタイムを短くすることが重要です。

URL の発見は sitemap.xml で Google にプッシュすることで対応できますが、URL 発見後のクロール時間を短くするためには、**内部リンクを増やすなどして、そのページへのクロールの優先度を高める**必要があります。

新着投稿だけを集めたブロックを作る

クロール時間を短縮する定番対策として、既存ページの下部などに**新着投稿という内部リンクのブロック**を作り、そこから新着ページへ内部リンクを張る方法があります。筆者も多くのサイトで実装してきましたが、新着ページのクロール・インデックスのリードタイムの短縮に効果があると実感しています。

また、ページが増えれば増えるほど内部リンクの設計が煩雑になっていく問題は、根本的な解決が容易ではありません。改善に本気で取り組むであれば、自然言語処理などを用いてリンクの関連性をスコアリングしながら、内部リンクを設計することもあります。ただし、自然言語処理などを用いて内部リンクの設計を行うには、非常に高い専門性が求められます。

 WORD

自然言語処理
人間が日常的に話したり書いたりしている言葉（自然言語）を、AI などのコンピューターに処理させる技術。

タグ機能の活用

自然言語処理による内部リンクの設計が難しい場合、投稿時に「タグ」をユーザーにつけてもらい、そのタグごとに簡易的に内部リンクをまとめていくのもおすすめです。

タグ機能をつける場合には、有象無象のタグをユーザーが自由に生成できるようにするのか、ある程度サイト運営者側で設定したタグの中か

ら選んでもらうようにするのかは、**重複ページの対策の観点で検討すべき事項**です。重複をなるべく作りたくない場合は、サイト運営者側で事前に用意したタグから設定をしてもらうようにしましょう。

ワンランク上のSEO（まとめ）

ユーザー投稿コンテンツのポテンシャルを最大限発揮できるようなサイト設計や改善を意識しよう。

Chapter 3-28

多言語・多地域サイトのSEOの特徴

サマリー

多言語サイトや多地域サイトのSEOでは、使用する言語やコンテンツに応じたURLやターゲット設定など、特有の設定が必要になります。

■ 多言語サイトの概要と設定

多言語・多地域サイトとは、言語、国（地域）ごとに異なるコンテンツをユーザーに提供するサイトのことです。複数の言語でコンテンツを提供しているサイトを多言語サイト、複数の国のユーザーを明示的にターゲットにしているサイトが多地域サイトといいます。多地域でかつ多言語サイトも多く存在します。

多言語・多地域サイトのSEOを行う上では、次の2点を基礎的な設定として押さえましょう。

- 言語ごとに異なるURLを使用する
- 特定の国をコンテンツのターゲットに設定する

■ 言語ごとに異なるURLを使用する

多言語サイトを運用する場合、Cookieやブラウザの設定を用いて同じURLで言語ごとにコンテンツを出し分けることも可能ですが、Googleは**異なるURLを使い分ける仕様を推奨しています**。表1のような形です。

表1 対象言語と対応URLの例

対象言語	URL
日本語	https://example.com/○○○/
英語	https://en.example.com/○○○/
ドイツ語	https://de.example.com/○○○/

表1のようにサブドメインで言語サイトを分けたり、サブディレクトリで分けたりするパターンがあります。どちらの場合も、**言語ごとにURLを分ける形でページを生成**し、各ページにhreflangを使ったアノテーションを活用して、Googleが検索者の言語ごとに適切なページを選択できる状態にしましょう。hreflangについては次項で解説します。

■ 特定の国をコンテンツのターゲットに設定する

特定の言語を用いる特定の国のユーザーを、Webサイト全体または、その一部のターゲットに設定することができます（地域ターゲティング）。これは必須の設定ではないため、明確に配信地域を限定する場合にのみ設定しましょう。Googleでサイトの地域ターゲティングを設定するためには次の方法を用います。

- ページまたはサイトのレベル：ページまたはサイトに地域や言語ごとのURLを使用する
- ページレベル：hreflang アノテーションを実装し、どのページをどの地域または言語に適用するかを指定する

> **WORD**
>
> **hreflang**
> hreflang（エイチフラング）属性。HTMLのファイルのリンクを示すlinkタグに付与し、ページの言語や地域を指定するもの。

アノテーションとは、同じコンテンツでも別々のURLが複数存在する場合に必要な設定です。次のように、同じコンテンツで言語が異なる複数のURLがある場合も、アノテーションを活用して、ほかの言語や地域（国）に対応した別のURLがあることを検索エンジンに伝えます。

> ・日本語のページ　　https://example.com/○○○/
> ・英語のページ　　　https://en.example.com/○○○/

詳細な設定はGoogleの公式ドキュメント[※1]などを参考にしつつ、エンジニアと協業しながら確実に実装しましょう。

　hreflangは、HTML、HTTPヘッダー、サイトマップのいずれかで設定できます。どの方法でもGoogleからは同様に認識されるため、実装しやすいものを選んでかまいません。3つすべてを実装しても追加のメリットはなく、管理が煩雑になるだけなので、1つに絞ることをおすすめします。

　注意点として、hreflangを正しく運用できていない場合、クローラーから無視される可能性が高いです。Googleも、hreflangの信頼性の低さから、自動的に学習されたシグナルを優先することを述べています。hreflangを実装する際には、グローバルSEOに精通している専門家に実装方法を相談しながら実装をすすめるのが安心です。

※1 https://developers.google.com/search/blog/2013/04/x-default-hreflang-for-international-pages?hl=ja

ワンランク上のSEO（まとめ）

多サイト・多地域サイトでは適切な言語のページを適切な相手に届けられるサイト構造と設定にする。

Chapter 3-29

多言語・多地域サイトで行うべきSEO対策

サマリー

多言語・多地域サイトでは国・地域ごとにページを生成・翻訳する必要があります。適切な対処なしにページ数が膨大に増えてしまったり、不自然な文章が発生したりするとSEO評価が下がるため対策を講じておきましょう。

■ 多言語・多地域サイトのSEOの5つのポイント

多言語・多地域サイトのSEOでは、前節で解説した設定に加え、次の5つのポイントを意識すべきです。

① クロール・インデックスの最適化
② 1URL＝1言語を徹底する（1ページ内で複数言語を使用しない）
③ 低品質な翻訳文を使わない
④ 対象の地域で利用率の高い検索エンジンを考慮する
⑤ 検索結果をモニタリングし改善を続ける

■ ①クロール・インデックスの最適化

複数言語に展開していく多言語・多地域サイトは、往々にしてサイト規模が大きくなる傾向があります。グローバル展開しているAmazonや求人情報サイトを見ても、そのページ数は数億ページを優に超えます。このような大規模サイトでは、クロールバジェットの問題に直面することが多いため、データベース型サイトのSEO（→P.130〜155）で紹介したクロール・インデックスの対策方法を基本としつつ、「**サブドメインの活用**」も検討してみましょう。

多言語サイトは、言語のバージョンごとに異なるURLを使用する必要がありますが、サブドメインとして対策するか、サブディレクトリとして対策するかは、サイトによってまちまちです。

しかし、クロールバジェットはホスト名単位で割り当てられるため、サブディレクトリであれば1つのホストとして同一のクロールバジェットを分け合うことになります。一方、**サブドメインであれば別ホストとして、それぞれにクロールバジェットが割り当てられます**。実際に筆者の経験でも、グローバルサイトをサブディレクトリからサブドメインに変更をしたことで、全体のクロールの総量が増え、インデックス数自体を増やすことができました。

> **サブドメインの例**
> https://en.example.com/○○○/
> https://de.example.com/○○○/

> **サブディレクトリの例**
> https://example.com/en/
> https://example.com/de/

サブドメインの利点

サブディレクトリにしたほうが、ドメイン評価を引き継ぎやすくなるのは確かであり、各国のサブディレクトリで獲得した被リンクの評価による恩恵をサイト全体で受け渡すことができます。

逆にサブドメインを採用した場合、サブドメイン単位でのドメイン評価となります。米国のサブドメインで獲得した被リンクの評価は、日本のサブドメインにはほとんど波及しません。

しかしながら、大規模な多言語サイトになると、各国のサブドメインごとに一定の被リンクは自然と獲得できます。その結果、ある程度のドメインの強さになっていれば、さらにドメインを強くするためにサブ

ディレクトリで運用してクロールバジェットが減少するよりも、サブドメインで運用してクロールバジェットをさらに増やしにいくほうが、SEO的に得られるものが多くなります。

つまり、巨大サイトになればなるほど、サブドメインかサブディレクトリかの違いによる被リンクの影響度合いは誤差の範囲になります。むしろクロールバジェットの割り当てのほうが、よほど重要度が高くなるというのが筆者の考えです。

結論として、巨大グローバルサイトであれば、筆者はサブディレクトリよりサブドメイン化することを推奨します。もちろん、リスクもある施策になるため、実施する場合は一気に全エリアを対象に変更するよりも、一部の地域をサブディレクトリからサブドメインに変え、クロール数やインデックス数、検索順位などをモニタリングしてから、全体へと展開するかを慎重に検討してください。

■ ②1URL＝1言語を徹底（複数言語を使用しない）

クローラーはページの言語を判断する際にhreflang アノテーションやccTLDを参考にしますが、**最も重要なのは実際にページ内で使用されている言語**です。そのため、ページ内で複数の言語を使用しているとクローラーが言語の選定に迷い、意図しない言語と認識される可能性があります。このことから、1URL＝1言語を徹底して、複数言語を並列に掲載しないようにします。

> **WORD**
>
> **ccTLD**
> Country Code Top Level Domainの略で、国別に割り当てられたトップレベルドメインを意味する。日本は「.jp」、イギリスは「.uk」など。

■ ③低品質な翻訳の改善

　大規模なサイトでは、コンテンツの翻訳を自動翻訳ツールに任せることもよくあるでしょう。その際も、必ず現地の担当者（その言語のネイティブスピーカー）が内容をチェックするようにしてください。特に日本語から翻訳すると、ネイティブスピーカーには不自然に見える文章が発生しやすいためです。

　文法が不自然だと、E-E-A-T（→P.36）の観点でマイナスに働くこともあります。その場合はSEO評価が伸び悩みます。例えば、チノパンが"chino bread"のような翻訳になってしまい（正しくはchino pants）まったく意味の通じない内容になっている例も目にします。

　また、翻訳自体は合っていたとしても国ごとに言い回しが異なり、対象の国では馴染みのない言葉が使われることもあります。例えば、ダウンジャケットは、"down jacket"より、"puffer coat"のほうが英語圏でよく使われる言い方にもなります。**検索において本当に使われる単語や文章**になるよう、機械翻訳や直訳では気づかない点は、ネイティブスピーカーのレビューを入れて改善していきましょう。

■ ④対象の地域で人気の検索エンジンを考慮する

　検索エンジンのシェアは、全世界ではGoogleが9割を超え、日本でも8割ほどです。Yahoo！ JAPANはGoogleの検索アルゴリズムを活用しており、日本でSEOを実施する際は、Google対策がメインです。しかし地域によって、主要な検索エンジンは異なります**表1**。

表1 地域別の検索エンジンシェアの一例

国	検索エンジン
日本	・Google:78% ・Bing:12% ・Yahoo!:9%　など
韓国	・Google:49% ・Naver:44% ・Bing:3%　など
ロシア	・Yandex:66% ・Google:31%　など

▲出典:Statcounter Global Stats（https://gs.statcounter.com/）

　検索エンジンが異なると、当然検索アルゴリズムも変わってきます。配信先の地域で主要な検索エンジンは何か、確認しておきましょう。大まかな対策方針は変わりませんが、ところどころで差異があったり、**特定の検索エンジンで評価の比重が大きい指標**もあったりします。サイトを多言語展開する際は、**ターゲットにする地域での利用率の高い検索エンジン**を必ず調査しておきましょう。

　例えば、検索エンジン「Bing」はGoogleと比べると内部リンク経由でのクロールがうまくいかないため、sitemap.xmlの送信の重要度を上げて対応するほうがいいでしょう。

　ほかにも、Google以外の検索エンジン特有のSEOは存在します。Google以外の検索エンジンがそれなりのシェアを誇る地域をターゲットにする場合には、念のためその地域のトップシェアの検索エンジンのアルゴリズムの特徴も調べておきましょう。

⑤検索結果をモニタリングし改善を続ける

　同じ言語で複数の国（地域）ごとにページを用意している場合、実際の検索結果を見るようにしてください。本来ヒットさせたかったページと異なる地域のページがヒットする例も、往々にして発生しています。

Google USAにアクセスするには、下記のURLにアクセスしてみてください。

> https://www.google.com/?gl=us&hl=en&gws_rd=cr&pws=0

▲ gws_rd=crはリダイレクトを無効に、pws=0はパーソナライズ検索を無効にするパラメータです。

そのほかの言語にアクセスする際には、「?」以下のパラメータの国コードと言語コードを変更します。**表2**に例を示します。

表2 Googleの検索エンジンにアクセスするURLパラメータ例

国	gl(国)コード	hl(言語)コード
アメリカ	us	en
イギリス	uk	en
フランス	fr	fr
ドイツ	de	de
イタリア	it	it
韓国	kr	ko
ロシア	ru	ru

ワンランク上のSEO（まとめ）

多言語・多地域サイトのSEOは、特有のコツを押さえて施策に取り組むことが大切。

Chapter 4

手法別にSEOを実践する

サイト改善の手法（戦術）を解説します。多くのサイト共通で実践できるものと、特定のサイトタイプだけに当てはまるものがあるので、自サイトに照らし合わせて活用しましょう。

Chapter 4-01

キーワード選定──概論編

サマリー

SEOにおける最重要事項はキーワード選定と言っても過言ではありません。キーワード選定が甘いとSEOで成果に結びつけるのは難しい反面、ここを本気でやり切ることができれば、成功にぐっと近づきます。

■ キーワード選定の重要性とよくある失敗

マーケティングの基本は「誰に・何を・どのように」を明確にすることですが、**SEOにおいて「誰に」を具体化するのがキーワード選定**です。ターゲット顧客を検索キーワードレベルまで落とし込むことで、SEO施策全体の方向性が定まります。キーワード選定が不十分だと、どれだけドメイン強化やコンテンツ制作、技術的な最適化を行っても、事業目標達成への貢献は難しいでしょう。SEOは、適切なキーワードを選ぶことがとても重要です。

ポイント

自社が狙いたいターゲットが実際に検索するキーワードでないと、いくら集客しても成果に繋がりません。

このキーワード選定の重要性を理解しないまま、**適当にキーワード選定をはじめてしまうと確実に失敗します**。筆者はこれまで多くのサイトを分析してきましたが、キーワード戦略設計では次のような失敗がよくあります。

キーワード選定のよくある失敗例

① 検索ボリュームだけでキーワードを選んでしまう
② 上位表示が不可能なキーワードを選んでしまう
③ カニバリ（→P.55）を考慮せずキーワードを選んでしまう
④ 競合サイトのキーワードを盲目的にコピーする

①検索ボリュームだけで選んでしまう

　キーワード選定で最もよくある失敗が、検索ボリュームだけを頼りに対策キーワードを選んでしまうというものです。確かに、検索ボリュームは検索需要を反映しており、上位表示されれば多くのトラフィックを獲得できます。そのため、SEOツールで検索ボリュームの大きいキーワードを抽出し、ボリュームの大きい順に優先順位をつけるというケースをよく見かけます。しかし、キーワードの検索ボリュームだけに捉われると次の落とし穴があります。

- 競合性が高く、上位表示の難易度が非常に高い
- 広い検索意図を含んでいるため、コンバージョンレートが上がらない

　検索ボリュームの大きなキーワードは、コンバージョンレートが高くない割に上位表示難易度が高く、対策に莫大な労力がかかる傾向にあります。ドメインの力が強くない場合には、そもそも上位表示が不可能なケースも多いです。つまり、**費用対効果が非常に悪いキーワードを選定するリスクが極めて高い**のです。

　詳しくは次節で解説しますが、**対策キーワードの優先順位は、基本的に期待値の高い順**にするべきです 表1。

表1 期待値の考え方

キーワード	検索ボリューム	対策した場合の想定順位	想定CTR	想定流入数
SEO	49,500	20位	0.1%	49.5
SEOキーワード選定	720	2位	13%	93.6

　表1のように、検索ボリュームが大きくても上位表示できなければCTRが低いので流入数は少なく、逆に**検索ボリュームが少なかったとしても、きちんと上位表示できれば流入数は獲得しやすい**です。

　検索ボリュームだけに捉われず、もっと複合的に指標を見ながら、適切なキーワードを選定していきましょう。

②上位表示が不可能なキーワードを選んでしまう

　そもそも、はじめから上位表示が不可能なキーワードを選んでいるという失敗例もあります。

競合性が非常に高いキーワード

　先ほどの検索ボリュームとほぼ同じで、多くの競合が狙っていて簡単に思いつくようなキーワード、検索ボリュームの大きいキーワード、コンバージョンに直結するようなキーワードは、難易度が高く上位表示が困難です。**上位表示されたときのインパクトの大きさをイメージしやすいキーワードは、その分競合性も多くなります。**

検索意図的に自社では対策が不可能なキーワード

　自社では対策が不可能なキーワードを狙っているケースもあります。例えば、公的機関や病院ドメインしか上位表示していないYMYL領域のキーワードを、個人ブログや企業ドメインで挑戦していたり、比較記事が上位表示されているキーワードで、他社の比較内容を書けない事業

会社が挑戦していたりするケースです。

　もちろん「YMYL領域でも上位表示できるようにドメインを圧倒的に強化する」「競合含めた比較記事も書くポリシーに変更する」ことも不可能ではありませんが、遠回りかつ本質的ではない取り組みといえます。**自社の制約条件を理解し、その条件内で対策効果のあるキーワード**を選びましょう。

③カニバリを考慮せずキーワードを選んでしまう

　網羅的にキーワードを洗い出すようなキーワード選定のやり方でよくある失敗が、カニバリが大量に発生するリストになっているものです。SEOでは「1キーワード＝1ページ」ではなく、「**同一検索意図の複数キーワード＝1ページ**」の対策が基本です。

　例えば、「SEO」「SEO対策」「SEOとは」など**類似のキーワードは1つの記事で対策すべき**です。しかし、多くのサイトでは、同じサイト内に同一検索意図に対する記事が複数乱立していることが珍しくありません図1。

図1　「1キーワード＝1記事」ではなく「1検索意図＝1記事」

　不必要な記事を作ってしまうためコストが無駄になるという直接的な理由はもちろんですが、カニバリの最もよくないところは、複数の記事でSEOの評価を分散させ、本来記事が到達できるポテンシャルを発揮

できなくなることです。

　よって、可能な限りカニバリを発生させないようなキーワード選定を行うべきです。具体的なやり方は後述しますが、この辺りの設計も行うからこそキーワード選定には莫大な時間と体力が必要になります。**どのキーワードをどのページで対策するのかキーワードマッピング**（→P.225）を行い、カニバリを防ぎましょう。

■ ④競合サイトのキーワードを盲目的にコピーする

　競合サイトのキーワードを特に工夫もなく盲目的にコピーするのもよくありません。キーワード選定の段階で競合サイトの対策キーワードを参考にするのは常套手段ですが、ドメインの強さが異なったり、ビジネスモデルや提供サービスが異なったり、SEOにかけられるリソースに差があったりと、単純に真似するだけでは成果が出づらいものです。

　競合サイトのキーワードをいったんは洗い出して確認しつつも、複数の競合サイトと比べたり、**自社とは合わないキーワード**を削ってみたり、また**競合が対策をしていなくても自社に必要なキーワード**を追加する作業を省いてはいけません。

　具体的なやり方については、次節で解説します。

> **ワンランク上のSEO（まとめ）**
> キーワード選定の重要性やよくある失敗例を理解してから、キーワード選定に取り組む。

Chapter 4-02

キーワード選定──実践編

サマリー

実践的なキーワード選定の手順を解説します。「キーワードの洗い出し」「自社が対策すべきキーワードの絞り込み」「対策ページ単位のマッピング」「複数要素から対策優先度を決定」の4ステップで進めます。

Step1:キーワードを可能な限り洗い出す

次の順で対象候補となるキーワードを可能な限り洗い出しましょう。

① 競合サイトの流入獲得キーワードを抽出する

競合サイトの流入獲得キーワードは、AhrefsやSEMRushのようなサードパーティの分析ツールで洗い出すことが可能です。**図1**はAhrefsでLANYサイトの流入獲得キーワードを調査したものです。

図1 LANYのサイトへの流入獲得キーワード

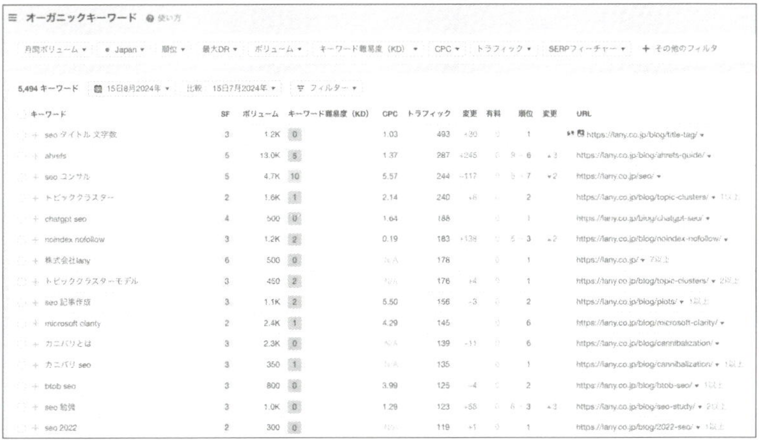
オーガニックキーワード 使い方

月間ボリューム ▾　Japan ▾　順位 ▾　最大DR ▾　ボリューム ▾　キーワード難易度（KD） ▾　CPC ▾　トラフィック ▾　SERPフィーチャー ▾　＋ その他のフィルタ

5,494 キーワード　15日8月2024年 ▾　比較 15日7月2024年 ▾　フィルター ▾

キーワード	SF	ボリューム	キーワード難易度（KD）	CPC	トラフィック	変更	有料	順位	変更	URL
seo タイトル 文字数	3	1.2K	0	1.03	493	+30	0	1		https://lany.co.jp/blog/title-tag/ ▾
ahrefs	5	13.0K	5	1.37	287	+245	0	9→6	▴3	https://lany.co.jp/blog/ahrefs-guide/ ▾
seo コンサル	5	4.7K	10	5.57	244	−117	0	5→7	▾2	https://lany.co.jp/seo/ ▾
トピッククラスター	2	1.6K	1	2.14	240	+8	0	2		https://lany.co.jp/blog/topic-clusters/ ▾ 1以上
chatgpt seo	4	500	0	1.64	188		0	1		https://lany.co.jp/blog/chatgpt-seo/ ▾
noindex nofollow	3	1.2K	2	0.19	183	+138	0	5→3	▴2	https://lany.co.jp/blog/noindex-nofollow/ ▾
株式会社lany	6	500	0	N/A	178		0	1		https://lany.co.jp/ ▾ 7以上
トピッククラスターモデル	3	450	2	N/A	176	+4	0	1		https://lany.co.jp/blog/topic-clusters/ ▾ 2以上
seo 記事作成	3	1.1K	2	5.50	156	−3	0	2		https://lany.co.jp/blog/pilots/ ▾ 1以上
microsoft clarity	2	2.4K	1	4.29	145		0	6		https://lany.co.jp/blog/microsoft-clarity/ ▾
カニバリとは	3	2.3K	0	N/A	139	−11	0	6		https://lany.co.jp/blog/cannibalization/ ▾
カニバリ seo	3	350	1	N/A	135		0	1		https://lany.co.jp/blog/cannibalization/ ▾ 1以上
btob seo	3	800	0	3.99	125	−4	0	2		https://lany.co.jp/blog/btob-seo/ ▾ 1以上
seo 勉強	3	1.0K	0	1.29	123	+55	0	6→3	▴3	https://lany.co.jp/blog/seo-study/ ▾ 2以上
seo 2022	2	300	0	N/A	119	+1	0	1		https://lany.co.jp/blog/2022-seo/ ▾ 1以上

❷ 軸となるキーワードの関連キーワードを洗い出す

　関連キーワードの洗い出しも、キーワード分析ツールで対応可能です。筆者はラッコキーワードをよく利用しています。**図2**は、ラッコキーワードで「SEO　コンサルティング」の関連キーワードを抽出した例です。「SEOコンサルティングとは」「SEOコンサルティング　会社」「SEOコンサルティング　相場」など、多様なキーワードが抽出されているのがわかります。

　上位表示を獲得した場合に、**事業貢献度が高く対策優先度の高い主要キーワードをキーワード戦略における「軸」に設定し**、そのキーワードを起点として関連キーワードまで展開して、対策キーワードの網羅性を高めましょう。

　軸（＝主要キーワード）の決め方は以下の通りです。

　①対象サイトの目的であるコンバージョンを獲得するためには、「誰に・何のテーマで」情報を発信すべきか、「トピック」を決める。

　②その「トピック」に興味がある人が検索するであろうビッグキーワード・ミドルキーワード（＝主要キーワード）を選定する。最終的に上位表示を目指したいキーワードを選定するのが望ましい。

図2　主要キーワードを軸に関連キーワードまで展開する

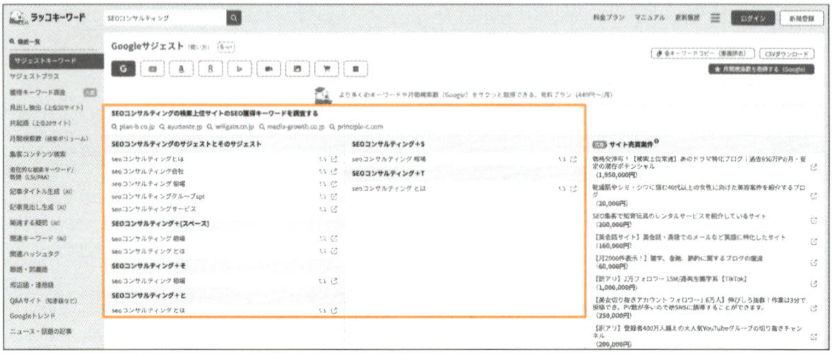

▲ラッコキーワードで「SEOコンサルティング」の関連キーワードを洗い出した（https://rakkokeyword.com/）

❸ 自分たちの頭で考える

分析ツールで洗い出した軸となるキーワードや関連キーワードを参考しつつ、最後はツールやデータに頼らず自分の頭で考えます。

例えば、SEOコンサルティングを提供するLANYのような会社であれば、自社サイトでSEOを行う目的の一つは、顧客や見込み顧客との接点を増やすことですから、「自分が顧客の立場だったら、どんなキーワードで検索するか？」を考えてみます。

・検索順位を上げる方法
・被リンク　獲得方法
・BtoB　記事制作

などがあるかもしれません。プロジェクトメンバーとブレストしてみたり、ChatGPTなどの生成AIに壁打ちをしたりするのも有効です。

Step1の段階では、「とにかく思いつくキーワードを可能な限り洗い出す」ことが重要です。時間をかけて根気強く、ていねいに行ってください。洗い出したキーワードは、重複を排除した形でスプレッドシートやExcelなどにまとめておきましょう。

■ Step2：対策をすべきキーワードに絞り込む

次は、洗い出したキーワードを、**自社が対策すべきキーワードに絞り込みます**。優先度は後工程でつけるため、この工程では「必要」「不要」の「0」か「1」かのフラグを立てていくのがおすすめです。判断基準は定性的なものでかまいませんが、一般に「不要」とするのは次のようなものです。

- 検索需要がないキーワード
- 競合の会社名やサービス名を含んでいるキーワード
- 自社のサービスやプロダクトとまったく関係のないキーワード

検索需要がないキーワード（検索ボリュームが「0」のキーワード）については、後工程でキーワードごとの検索ボリュームを抽出して、比較・対照して突き合わせする際に機械的に除外できますが、作業効率を上げるために、この時点で除外しても問題ありません。

Step1で分析した①競合サイトの流入獲得キーワード、②関連キーワードから洗い出したキーワードは、一定の検索需要がある（検索ボリュームがある）ものが取得されているため、③自分たちの頭で考えたキーワードを対象に除外を検討します。

競合の会社名やサービス名を含んでいるキーワードや、**自社のサービスやプロダクトとまったく関係のないキーワード**は、ある程度は自動化ツールなどで処理できますが、最終的には1つ1つ、目視での確認が必要です。ここは気合いでがんばりましょう。

筆者は作業効率を高めるため、「競合1社のみ」が流入を獲得しているキーワードを削るという方法をよく使っています。**2社以上が流入を獲得していれば、複数社が同じキーワードを狙っている**、つまり自社でも狙うべきキーワードになる可能性が高いためです。

最終的に残ったキーワードリストが、ほぼそのまま対策キーワードリストとなります。この工程で時間をかけることは決して時間の無駄づかいではないので、ていねいにやり切ってください。

■ Step3：対策ページ単位でマッピングする

Step2の工程までで、流入を獲得したいキーワードの一覧を作成できました。Step3では、それらのキーワードを、サイト内のどのページで対策するのかをマッピングしていきます。

先ほど説明したように、SEOは**1ページで複数のキーワードを対策**します。そのため、仮にStep2で3,000キーワード洗い出したとしても、3,000ページ制作する必要はなく、500〜1,000程度ですべてのキーワードを網羅できる可能性が高いです。

キーワードのマッピング作業とは、サイトのページ単位にキーワード群をまとめ直していく作業です**図3**。筆者個人は、例えば「SEO」「SEOとは」「SEO対策」のように、検索意図が近そうなキーワードをそれぞれ実際に検索してみて、上位表示されるページが6割以上同じであれば、検索意図が類似するキーワードとして扱い、1つの対策ページにまとめるようにしています。

図3　キーワードマッピングのイメージ

メインキーワード	メインキーワードの検索ボリューム	サブキーワード	サブキーワードの検索ボリューム	目標順位	推定CTR	各KW／月	合計／月
SEOコンサルティング	2,900			3	8.40%	243.6	
		SEOコンサル	2,900	3	8.40%	243.6	753
		SEO コンサル	2,900	3	8.40%	243.6	
		SEO対策 コンサル	260	3	8.40%	21.84	
SEO	49,500			10	1.23%	608.85	
		SEOとは	22,200	7	2.23%	495.06	1,751
		SEO対策	27,100	8	1.75%	474.25	
		SEO対策とは	9,900	8	1.75%	173.25	
被リンク 獲得方法	390			1	26.80%	104.52	
		被リンク 増やす	260	1	26.80%	69.68	257
		被リンク獲得	50	1	26.80%	13.4	
		被リンク施策	260	1	26.80%	69.68	
SEO 外注	390			2	13.19%	51.441	
		SEO 外部委託	10	3	8.40%	0.84	118
		SEO 依頼	320	3	8.40%	26.88	
		SEO 会社	1000	5	3.92%	39.2	
SEO キーワード選定	720			5	3.92%	28.224	
		SEO キーワード 選び方	480	3	8.40%	40.32	121
		キーワード選定 コツ	90	2	13.19%	11.871	
		SEO対策 キーワード	480	3	8.40%	40.32	
トピッククラスターモデル	210			3	8.40%	17.64	
		トピッククラスター	1,000	3	8.40%	84	106
		トピッククラスター やり方	10	2	13.19%	1.319	
		トピッククラスターモデルとは	20	2	13.19%	2.638	
オウンドメディア SEO	260			9	1.43%	3.718	
		オウンドメディア ブログ	40	5	3.92%	1.568	11
		オウンドメディア 集客	170	7	2.23%	3.791	
		オウンドメディア 運営	90	7	2.23%	2.007	
内部リンク 貼り方	140			10	1.23%	1.722	
		内部リンク 設計	20	8	1.75%	0.35	10
		内部リンク SEO	480	8	1.75%	8.4	
		内部リンク構造	30	7	2.23%	0.669	

メインキーワードが「SEO」であれば、サブキーワードとして同じページで対策するキーワードをマッピングしていきます。マッピングの考え方は、**各キーワードを実際にGoogle検索したときの表示結果**が同一、もしくは極めて類似しているか、異なるかで決めます。

仮に「SEO」の検索結果と「SEO対策」の検索結果で上位表示されているページが10サイト中8サイト同じであれば、**Googleはその2つのキーワードをほぼ同じ検索意図と捉えている**ということです。ですから、「SEO」と「SEO対策」は同一ページで対策すると決められます。

このマッピング作業をすべて目視で行うのは非常に骨が折れます。LANYでは次のようにして、作業効率を高める工夫をしています。

- 競合の流入獲得キーワードと対策ページのリストをサードパーティの分析ツールで抽出する
- 競合のページ別の流入獲得キーワードの状況に合わせてマッピングする

スプレッドシートの具体的な操作方法などは割愛しますが、サードパーティの分析ツールから抽出したデータは、キーワードと対策ページがセットになっているため、どのキーワードがどのキーワードといっしょに対策がされているかが可視化されています**図4**。

図4 LANYのサイトへの流入獲得キーワード

	A	P
1	Keyword	Current URL
2	seo タイトル 文字数	https://lany.co.jp/blog/title-tag/
3	ahrefs	https://lany.co.jp/blog/ahrefs-guide/
4	seo コンサル	https://lany.co.jp/seo/
5	トピッククラスター	https://lany.co.jp/blog/topic-clusters/
6	chatgpt seo	https://lany.co.jp/blog/chatgpt-seo/
7	noindex nofollow	https://lany.co.jp/blog/noindex-nofollow/
8	株式会社lany	https://lany.co.jp/
9	トピッククラスターモデル	https://lany.co.jp/blog/topic-clusters/
10	seo 記事作成	https://lany.co.jp/blog/plots/
11	microsoft clarity	https://lany.co.jp/blog/microsoft-clarity/
12	カニバリとは	https://lany.co.jp/blog/cannibalization/
13	カニバリ seo	https://lany.co.jp/blog/cannibalization/
14	btob seo	https://lany.co.jp/blog/btob-seo/
15	seo 勉強	https://lany.co.jp/blog/seo-study/

▲使用した分析ツールはAhrefs（https://ahrefs.jp/）

図4の12行目「カニバリとは」と13行目「カニバリ　SEO」の対策ページは同一URLです。**流入先のURLを軸にキーワードをまとめていく**ことで、ある程度機械的にマッピングができます。

メインキーワードとサブキーワードの決め方は、同一ページで対策するキーワードの中で最も検索ボリュームが大きいものをメインキーワードにしてしまって問題ありません。

■ Step4：対策優先度の決定

キーワードごとの検索ボリューム、想定順位の推定CTR（クリック率）、想定CVR（コンバージョン率）の値を入れると、対策優先度が可視化されます。そのうえで、「それらのキーワードを対策した場合の、事業インパクトの期待値が高い順」で最終的な対策優先度を設定しましょう。

事業インパクトの期待値は**図5**のような考え方で計算します。

図5　期待値を算出するための計算式

検索ボリューム×想定される検索順位の推定CTR×想定のCVR

CTR（クリック率）
　CTR（%）＝（クリック数÷表示回数）×100
CVR（コンバージョン率）
　CVR（%）＝（コンバージョン数÷訪問数 or セッション数）×100

検索ボリューム

キーワードごとの検索ボリュームは、Googleキーワードプランナー[※1]などのツールから取得します。Google以外のサードパーティーツールでキーワードを抽出している場合は、キーワードごとの検索ボリュームがデータとして含まれていることもあります。

検索順位を想定する

対策キーワードで上位表示されている競合サイトを確認し、自社が現実的に何位まで目指せるのかを定性的に判断しましょう。LANYでは、キーワードの対策難易度を測るために、**表1**のような指標を使っています。

表1 キーワード対策難易度の参考になる確認項目

確認観点	確認項目
E-E-A-T指標	・ドメイン力(DRなど) ・サイトの運営元・運営者 ・記事の執筆者・監修者 ・記事への被リンク数
コンテンツ指標	・記事の文字数 ・一次情報の有無 ・オリジナル画像や動画の有無 ・内部発リンクの量 ・内部被リンクの量
フレッシュネス指標	・記事の最終更新日 ・記事の更新頻度

> **WORD**
>
> **DR**
> Domain Rating(ドメインレーティング)の略。SEO分析ツール「Ahrefs」で使われているドメインの価値の測る指標。

※1 https://ads.google.com/intl/ja_jp/home/tools/keyword-planner/

これらの指標を総合的に調査した上で、自社のサイトでどの程度まで上位表示を目指すことができるのかを想定します。ただし、最初から正確な予想は不可能です。まずは定性的に判断し、記事制作後の結果を踏まえて推定の精度を上げていきましょう。

　キーワードが多いと、検索順位想定も目視作業は困難になるため、前の工程（→P.221）で抽出したサードパーティーの分析ツールが出してくれる競合の順位データを活用して決める方法もおすすめです。

　自社とドメイン力や運営元の権威性などが類似している競合サイトをベンチマークとし、その順位を「想定される検索順位」として設定します。

　別のやり方として、競合サイトの順位を基準に、松竹梅で段階的にプランを設定してみるのもよいでしょう。例えば、競合サイトの表示順位が2位だとすると、松プランは2位、竹プランは4位、梅プランは6位を目指すといった、段階的に目標を定めるやり方です。

想定される検索順位のCTRを推定する

　検索表示順とクリック率は密接な関係があり、当然ですが、検索表示順が高いほどクリック率が高くなる傾向があります。検索順位ごとの推定CTR（クリック率）はSEOコンサルティングやSEOツールの開発を行う各社の調査データがインターネット上に公開されているため、肌感覚に合うものを採用してください。AWRが出しているGoogle Organic SERP CTR Curve[※2]の値などは一般的な傾向に近いと感じます **表2**。

※2 https://www.advancedwebranking.com/free-seo-tools/google-organic-ctr

表2 Google Organic SERP CTR Curveの値を表にしたもの

検索順位	CTR
1位	26.80%
2位	13.19%
3位	8.40%
4位	5.52%
5位	3.92%
6位	2.92%
7位	2.23%
8位	1.75%
9位	1.43%
10位	1.23%

▲世界中を対象にしたモバイルデバイスでのCTRデータ（2024年6月時点）

　ここまでのデータで、対策キーワードにおける想定流入数の推定が可能になります。コンバージョン（購入や予約などのアクション）まで決める場合は、キーワードごとの想定CVRも設定します。

CVRを推定する

　CVR（コンバージョン率）の推定は、定性的な判断でも構いませんが、より精度の高い設計を目指す場合は、リスティング広告のデータやGA4でコンバージョンが発生している記事のCVRなどを参考にするとよいでしょう。

　この段階では、あくまで対策の優先度をつけるのが目的です。細かいCVRの推定は不要です。松竹梅などの3段階で、CVR1.0％、0.5％、0.1％などとまとめて決めてしまっても問題ありません。

　ここまでのデータが出揃うと、**図6**のようなマッピング表が完成します。

Chapter4-02 キーワード選定―実践編

図6 対策キーワードマップ

メインキーワード	メインキーワードの検索ボリューム	サブキーワード	サブキーワードの検索ボリューム	想定流入数				想定CV数		対策優先度
				目標順位	推定CTR	各KW/月	合計/月	想定CVR	想定CV数	
SEOコンサルティング	2,900			3	8.40%	243.6	753	2.00%	15.1	1
		SEOコンサル	2,900	3	8.40%	243.6				
		SEO対策 コンサル	260	3	8.40%	21.84				
SEO	49,500			10	1.23%	608.85	1,751	0.50%	8.8	2
		SEOとは	22,200	7	2.23%	495.06				
		SEO対策	27,100	8	1.75%	474.25				
		SEO対策とは	9,900	8	1.75%	173.25				
被リンク 獲得方法	390			1	26.80%	104.52	257	1.00%	2.6	3
		被リンク 増やす	260	1	26.80%	69.68				
		被リンク獲得	50	1	26.80%	13.4				
		被リンク施策	260	1	26.80%	69.68				
SEO 外注	390			2	13.19%	51.441	118	1.50%	1.8	4
		SEO 外部委託	10	3	8.40%	0.84				
		SEO 依頼	320	3	8.40%	26.88				
		SEO 会社	1000	5	3.92%	39.2				
SEO キーワード選定	720			5	3.92%	28.224	121	1.00%	1.2	5
		SEO キーワード 選び方	480	3	8.40%	40.32				
		キーワード選定 コツ	90	2	13.19%	11.871				
		SEO対策 キーワード	480	3	8.40%	40.32				
トピッククラスターモデル	210			3	8.40%	17.64	106	0.50%	0.5	6
		トピッククラスター	1,000	3	8.40%	84				
		トピッククラスター やり方	10	2	13.19%	1.319				
		トピッククラスターモデルとは	20	2	13.19%	2.638				
オウンドメディア SEO	260			9	1.43%	3.718	11	1.00%	0.1	7
		オウンドメディア ブログ	40	5	3.92%	1.568				
		オウンドメディア 集客	170	7	2.23%	3.791				
		オウンドメディア 運営	90	7	2.23%	2.007				
内部リンク 貼り方	140			10	1.23%	1.722	10	0.50%	0.1	8
		内部リンク 設計	20	8	1.75%	0.35				
		内部リンク SEO	480	8	1.75%	8.4				
		内部リンク 構造	30	7	2.23%	0.669				

ワンランク上のSEO（まとめ）

キーワード選定は莫大な業務量と労力がかかるが、時間と労力をかけるに値するSEO施策の要となるもの。

Chapter 4-03

E-E-A-Tを強化するには

サマリー

E-E-A-Tの各項目はそれぞれが密接に関わり合っているため、包括的な対策が求められています。ここでは自社が発信する情報の信頼性を高め、E-E-A-Tを満たすための対策方法を解説します。

■ E-E-A-Tを強化する施策一覧

SEOにおけるE-E-A-Tの重要性は、年々上がってきています。誰でも情報発信ができるこの時代に、どの情報が信頼するに値するかを評価する指標として、検索アルゴリズムにおける重要度が増しています。Googleは情報の信頼性を判断するためにE-E-A-Tという概念を用いており、基本についてはChapter1-04(→P.36)で解説しました。

E-E-A-Tの評価対象は主に以下です。

・著者（執筆者）
・ドメイン
・運営元
・コンテンツの内容

以降は、LANYで行っているそれぞれに効果的な対策方法を解説していきます。

■ 著者（執筆者）の評価を上げるには

Googleから著者（執筆者）の評価を上げる対策は次の2つです。

- 著者情報を充実させナレッジパネル掲載を目指す
- 著者情報を構造化データや記事で検索エンジンに伝える

著者情報を充実させナレッジパネル掲載を目指す

ナレッジパネル[※1]とは、ユーザーがGoogleで情報を検索した際に、検索結果の右側（PC）や上部（モバイル）に表示される情報パネルです図1。パネル内には検索対象（用語、場所、モノ、人物など）に応じた情報のサマリーが表示されます。

執筆者個人のGoogleからの評価（E-E-A-T）という観点では、ナレッジパネルへの掲載はわかりやすい指標の一つになります。

ポイント

Googleがその人物を正確に認識しており、ナレッジパネルに掲載するだけのE-E-A-Tがあると解釈できます。

図1　右側のエリアがナレッジパネル（検索ワード：東京都）

※1 https://support.google.com/knowledgepanel/answer/9163198

個人がナレッジパネルを獲得する方法としては、次の3ステップが必要とされています。

① エンティティホームページを作成する
② エンティティの裏付けをする
③ エンティティをGoogleに確認させる

エンティティとは、「実体」のようなものだと考えてください。インターネット上の情報の世界でその人物に実体があり、どのような人物なのかを認識させるための要素のようなものです。ナレッジパネルを取得する個人が誰なのかがわかる「エンティティホームページ」を作成し、そのページの内容が本当に信頼できるものだと裏付けをすることで、Googleに実体が確認されるという流れです。

エンティティホームページは、次のようなページが適しています。

・個人サイトのAbout Meページ
・個人サイトのHomeページ
・コーポレートサイトのAboutページ
・SNSプロフィールページ（LinkedInとXが効果的）

筆者の場合には、**図2**のXアカウントのページがエンティティホームページに該当します。

図2 筆者のSNSプロフィールページ

　まずは適切なエンティティホームページを作り、その情報が信頼に足るものであることをGoogleに認識させるための裏付けを、**他サイトからの被リンクや言及で獲得していく**ことが重要です。

　情報発信者のE-E-A-Tも非常に重要なため、難易度は高いですが、ナレッジパネルの獲得も目指しましょう。

構造化データや記事で検索エンジンに伝える

　Googleは、信頼できる記事かどうかを判断する上で、**誰が執筆しているのか（＝誰がその情報に責任を持っているのか）**を重視します。著者情報の評価を高めるには、誰が書いたかが明確に伝わることは大前提であり、その上でその人物の権威性や専門性が高いと加点される仕組みと捉えるとわかりやすいでしょう。

　執筆者情報を伝えるためには、下記の2点を実施しましょう。

・記事上に執筆者を明記する
・構造化データに明記する

LANYのオウンドメディアであれば、記事の冒頭に執筆者の明記をしています。図3のSEO対策の記事の例では、筆者の名前（竹内渓太）が記載されています。

図3　LANYブログの執筆者情報

▲ https://lany.co.jp/blog/what-is-seo/

　著者情報をGoogleに伝えることは、もはやお作法になっているため、記事上や構造化データで明記しましょう。

　構造化データは、WordPressなどのCMSであれば、管理画面で設定・作成することが可能です。Googleでも「構造化データ マークアップ支援ツール※2」を提供しています。

　正しく認識されているかどうかは、リッチリザルトテストツールで記事ページのURLを入力して調査します。

　図4では、記事の構造化データ（Articleの構造化データ）の中に、authorプロパティで筆者の名前（竹内渓太）とリンクがきちんと含まれていること

※2　https://support.google.com/webmasters/answer/3069489?hl=ja

とがわかります。

> Googleのリッチリザルト テスト
> https://search.google.com/test/rich-results?hl＝ja

図4 LANYブログの「author」プロパティ

author	
type	Person
id	https://lany.co.jp/blog/what-is-seo/#author
name	竹内渓太
url	https://twitter.com/take_404
jobTitle	代表取締役 / SEOコンサルタント

■ ドメインの評価を上げる

ドメインの評価を上げる施策は、次の4つです。

・Whois情報を公開する
・被リンクを獲得する
・サイテーションを獲得する
・サイトをSSL化する

Whois情報を公開する

　Whoisとはドメインの登録者名、IPアドレス、技術連絡担当者などの情報を公開する仕組みです。Webサイトに技術的な問題が発生した際の連絡、ドメイン申請時の確認、ドメイン名と商標などの問題解決における連絡手段として、これらの情報を提供しています。Whois情報は専用

サイトで調べられますが、サイトの透明性を高めるために、後述する運営者情報も掲載することをおすすめします。

被リンクを獲得する

外部サイトからの被リンク獲得は、SEOの順位決定において不可欠な要素であるだけでなく、ドメインのE-E-A-Tを高める上でも重要です。

主要な検索エンジンは被リンクを「人気投票」として捉え、多くの被リンクを獲得しているサイトはPageRankが高まると考えられます。被リンク獲得の手法は次節で解説します。

ポイント

多くのWebサイトから被リンクされるページは、E-E-A-Tの評価基準を満たしていると解釈可能です。

サイテーションを獲得する

サイテーション（→P.41）とは、自サイトの情報が、SNSや他サイトから言及・引用されることを指します。被リンクと似ていますが、サイテーションにはリンクが含まれていません。サイテーションの数が多くなればなるほど、自サイト（自社）の認知度も高まり、ページ評価向上へ貢献します。

ポイント

かつて「人気投票」の中心は他サイトからの被リンクでしたが、SNSへとどんどんフィールドに移ってきているように感じます。

筆者は、SEOが総合格闘技的となってきていると考えていますが、その理由の一つとしてサイテーションの獲得のためにはSNSによる露出の強化や、広報PRによる認知の拡大など、**ページ制作以外の取り組みの重要度が増している**背景があります。Webサイト以外の各チャネルで多くの人にリーチすることで、自社についての言及も多くなります。

また、サイテーションにはポジティブなものとネガティブなものがあり、SEO的にはポジティブな言及のほうがよいとされています。炎上などでサイテーションを集めるのはマイナスです。日々の事業運営の中で「よい評判」が自然と広まっていくように努めましょう。

サイトをSSL化する

SSL（Secure Sockets Layer）とは、Webサイトと閲覧ユーザーの間の通信を暗号化するセキュリティ技術です。自社サイトをSSL化することで、Webサイトの通信が高速化したり、データの改ざん・傍受の危険性を減らしたりできます。個人情報の入力や決済が発生するサイトであれば、特にサイト利用の安全性の確保が求められるでしょう。

Googleの透明性レポートによると、2024年5月現在で日本国内の暗号化トラフィックの割合は97%と、ほぼすべてのサイトでSSL化が完了しています。SSL化されていない場合、特に信頼性の観点で大きくマイナス評価されるリスクがあるため、いますぐに対応しましょう。基本的には、SSL証明書を取得し、URLを「http」から「https」に変更すればOKです。詳しくは、自サイトのサーバー管理者に相談しながら進めてください。

■ 運営元の評価を上げる

サイトの運営元に対するGoogleの評価を高める具体策としては、次の2つを挙げます。

- 指名検索数を増やす
- 運営者情報やサイトポリシーの掲載

指名検索数を増やして評価を上げる

指名検索とは、そのサイト名（あるいはブランド、サービスなどの名称）で検索されることを指し、そのブランドがどれだけ認知され、検索者に選択されているのかを測る指標になり得ます。SEO的には**外部指標**と呼ばれ、被リンクやサイテーションと同様にサイトの評価に影響します。

指名検索は、ユーザーが頭の中で何かを知りたい・行動したいと考えたときにブランド名やサイト名、社名を思い出し、直接指名して検索する行為のため、「脳内SEO」と呼ばれることもあります。

ポイント

指名検索数が多いほどその領域での人気も高く、E-E-A-Tも高くなると考えられます。

指名検索を増やすための具体的な対策は、Chapter4-05（→P.254）で解説しますが、指名検索がしやすいブランド名に変更したり、Web以外のチャネルで積極的に露出をしていくなど、SEOやWebサイトの領域だけに留まらない施策も必要になります。

運営者情報やサイトポリシーを掲載する

特に信頼性の観点で、サイトを「誰が」「どのように」運営しているかの透明性を向上させる上で役立つのが、運営者情報やサイトポリシーを充実させることです。

発信する情報の権威性や信頼性を高めるためには、コンテンツの制作方法が信頼に足るものであることを伝えるのも有効です。

- 「比較・おすすめ」系コンテンツに掲載されているランキングのロジックの明示
- コンテンツの制作フローの明示
- コンテンツ制作時に参照している情報ソースの明示

このような信頼性の獲得に繋がる情報を積極的にユーザーや検索エンジンに伝えましょう。運営者情報やサイトポリシーはていねいに作り込むことをおすすめします。

■ コンテンツの内容の評価を高める

コンテンツの内容の評価を高める対策は、以下の4つです。

- 更新トピックを特定の領域に絞る
- 専門家に監修や取材を依頼する
- 一次情報を活用する
- 最新情報へアップデートする

更新トピックを特定の領域に絞る

専門性を高めるために、**特定のテーマや領域に絞ってコンテンツを更新するのも効果的**です。「ビジネス全般」を浅く広く扱うメディアよりも、「SEO」に特化して深く掘り下げた情報を発信するメディアのほうが、ユーザーも検索エンジンもサイトのテーマを理解しやすく、特定分野における専門性の評価に繋がります。

特定領域のトピックを網羅的に扱う方針はトピッククラスターモデル（→P.258）と呼ばれるサイト構成（コンテンツ戦略）と相性もよく、サイト全体のSEO評価を底上げすることにもなります。

専門家に監修や取材を依頼する

　E-E-A-Tを包括的に高める方法として最も効果的なのが、専門家の協力を得ることです。専門家によるファクトチェックや、取材によって専門家自身の経験や独自の見解にもとづく内容を、一次情報としてコンテンツ制作に活用することで、E-E-A-Tを満たした質の高いコンテンツにできます。

　コンテンツ制作に際して、専門家に取材したり、記事監修に入ってもらうメリットは次のようなものです。

- 内容の信頼性を担保できる
- 監修者情報を掲載することで権威性を高められる
- 被リンク獲得に繋げられる

　ただし、専門家であれば誰に依頼してもよいというわけではありません。監修者を選ぶ際は、内容の専門性を担保できること、その領域における権威性があることが前提です。その上で、監修後に掲載記事を外部サイトなどでも紹介してもらえ、流入数の底上げや被リンク獲得も狙えるようなら、よりよい依頼になります。

　専門家の探し方としては、知り合いのネットワークを活用したり、その分野の資格を保有している専門ライターの方をクラウドソーシングサービスなどで募集をしてみるのもよいでしょう。監修者を紹介してくれるサービスなどもあるので、どうしても自力で見つからない場合には利用するのも手です。

信頼できる情報ソースを活用する

　コンテンツを制作する中で、何らかの情報を参照・引用する必要があるなら、信頼できる一次情報や情報ソースを参照すべきです。

　一次情報とは、自らが直接体験したり、調査・実験・取材などで収集した情報です。**一次情報をもとに制作したものであれば独自性の高いコ**

ンテンツ**になり得ます。

　しかし調査や取材には費用も時間、知識も必要なため、いつでも・誰でもできるわけではありません。第三者が公開している一次情報を二次情報として参照・引用する場合は、信頼性の高い機関が公開している情報を活用しましょう。

・公的機関や上場企業
・業界に特化した公式団体
・業界で権威のある制度に登録している企業

> **ポイント**
> 生成AIで誰でも文章を瞬時に作成できる時代になったからこそ、手間暇を掛けなければ作れない一次情報の価値が相対的に上がっています。

　一次情報を持つ第三者から得た情報は、自身が直接体験して得たものではないため、二次情報と呼ばれます。ニュース、書籍、論文などから得た情報は二次情報になります。また、第三者の一次情報を活用するのであれば、次の3点も意識してください。

・どういった一次情報なのか、自分の言葉で説明する
・ひと目でわかるような表・グラフを作成する
・一次情報のリンク先など、必ず出典を記載する

最新情報へアップデートする

　一度公開したコンテンツも、時間の経過とともに内容が古くなり正確性に欠いたり、運営体制への信頼性が下がったりするなど、E-E-A-Tだけでなく SEO 評価への悪影響が懸念されます。コンテンツの情報を最

新のものへアップデートできるよう、定期的にリライトやメンテナンスを行います。

特に、最新情報が求められる検索意図のクエリでは、**情報の鮮度や更新頻度も評価要因となります**。更新する場合も、記事の公開日時と更新日時が一目でわかるようにするとよいでしょう。

ユーザーからも「この記事は公開日は2年前だけど、1週間前に更新されているから最新の情報が反映されていそう」などと、信頼されやすくなります。適切な更新体制を構築して、常に最新情報が提供し続けられる状態を作りましょう。

ワンランク上のSEO（まとめ）

閲覧者から「この記事は信頼できる」と思ってもらうために、足りないことはすべて積極的に改善していく。

Chapter **4-04**

被リンクを獲得するには

サマリー

被リンクはいつの時代も SEO においては重要度が高い要素です。被リンクを多く獲得することによって PageRank が向上し、検索エンジンからの評価が高まります。被リンク獲得に効果的な施策を紹介していきます。

■ 被リンク獲得の意義

Googleのアルゴリズムがアップデートしても、被リンクの重要度が下がることはないでしょう。SEOにおける被リンクは、ほかのWebサイトやページからの「人気投票」と解釈されています。その1票1票（1リンク1リンク）が、「このページは価値があり、信頼できて、有益である」というシグナルを検索エンジンに証明してくれるものです。

PageRankも、被リンクの質や数を評価要素としており、**多くのWebサイトで引用される（≒被リンクされる）ページは価値が高い**と判断されます。もちろん、「価値があり、信頼できて、有益である」ことを判断する材料はほかにも無数にあるため、被リンクだけを集めていればいいわけではありません。

ポイント

被リンクによるPageRankの算出がSEO評価の礎である以上、この先も重要度は下がらないでしょう。

被リンクを多く獲得することによってPageRankが向上し、検索エンジンからの評価が高まるため、検索結果で上位表示を獲得しやすくなります。その結果、アクセス数の増加も見込めるでしょう。

　ここでは、サイトの評価を大きく高める被リンクを獲得する10の施策を解説していきます。

■ ①被リンクされやすいコンテンツで上位表示

　被リンク獲得でもっとも目指すべき状態は、**自然発生的に被リンクが獲得できる状態**です。自然に被リンクが獲得できるのは、被リンクされやすいコンテンツで上位表示をさせることです。

　被リンクをされるということは、参考情報として引用元になるということです。**人々が引用したくなる情報を提供**して、適切なターゲットに届けることができれば被リンクを獲得しやすくなるでしょう。

> ポイント
>
> 「自分だったらどんな情報がほしいか」考えると、引用されやすいコンテンツを制作できます。

　被リンク獲得に向いているコンテンツの種類は比較的限られています。代表例は、何かの統計情報データやカオスマップのコンテンツであったり、莫大な情報を集約した「まとめページ」などです。

　各種メディアの記者やライターが検索するようなキーワードを想定し、そのキーワードで前述のようなコンテンツを含むページを作成して上位表示させれば、被リンクが集まりやすくなります。

　競合他社の被リンク分析をする際に、どのページに被リンクが張られているのかを調査するだけではなく、「**どのような種類のコンテンツに被リンクが張られているのか**」も確認して、被リンクを狙ったコンテンツのアイデアをストックしておきましょう。

Chapter4-04 被リンクを獲得するには

ポイント

コンバージョンやセッション獲得に寄与するキーワード選定だけでなく、被リンクが獲得しやすいコンテンツという観点でもキーワードを選び、上位表示を目指してみてください。

②取材施策

　取材を行うことで、取材先から「○○というメディアに掲載されました」といった被リンクをもらえることは多いです。具体的には自社が扱っている商材と関連性の高い事業会社などに取材交渉をして、実際に価値のある取材コンテンツを作成し、そのコンテンツを掲載実績などに載せてもらう方法です。

　一方で、大きな企業は小さなメディアからの取材を受けにくく、掲載実績をサイトに掲載することも少ないでしょう。取材施策はこれから広報PRに力を入れたい考えている企業を助けるような姿勢で、中小企業やベンチャー企業からはじめていくのがおすすめです。

ポイント

被リンク獲得の目的だけで取材依頼するのは失礼です。あくまで両者にとってプラスがある形を目指しましょう。

③プレスリリース施策

　PR TIMES[※1]などのプレスリリース配信サービスを用いて、各メディアに情報を直接的に届けると、被リンク獲得に効果的です。被リンクを

※1 https://prtimes.jp/

獲得するためには、そもそもそのコンテンツがより多くの人の目に触れる必要がありますが、プレスリリースの配信はそれを半ば自動的に達成してくれます 図1。

図1 プレスリリースの配信サービスの仕組み

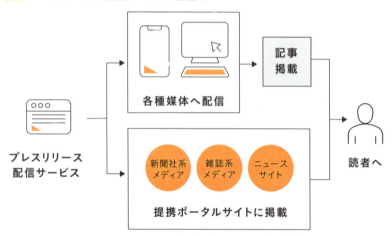

> **ポイント**
> プレスリリースによる被リンク獲得の効果は非常に高いため、リソースに余裕があれば、ぜひトライしてください。

　LANYでも、イベントや新規サービスを展開するたびに、プレスリリースを配信していますが、毎回一定数のメディアが取り上げてくれます。もちろん、同じメディアにばかり取り上げられても被リンクの効果が伸びないため、プレスリリースの配信先メディアにも工夫は必要ですが、広報活動の一環として何かPRするトピックがあるのであれば積極的に配信をしていくのはおすすめです。
　また、トレンドや社会課題などのテーマとかけ合わせたプレスリリースはメディアでも取り上げられやすいです。

④インフォグラフィック施策

　人間は文字から受け取る情報量よりも画像や動画から受け取る情報量のほうが多く、影響力も強いといわれています。そうした背景からか、インフォグラフィックは非常に多くの人に好まれる情報伝達の形態です。現在はCanva**図2**などのデザインツールで、オリジナルのインフォグラフィックも手軽に作れるようになりました。

図2　オンラインデザインツール「Canva」

▲無料プランもある（https://www.canva.com/ja_jp/）

　独自性高い統計データをインフォグラフィック的に制作すると、多くのメディアに転載される可能性が高くなり、被リンクも獲得しやすくなります。また、プレスリリースにインフォグラフィックを掲載するとメディアの目を引く要素になります。

> **ポイント**
> インフォグラフィックは、特に「被リンクされやすいコンテンツ制作」や「プレスリリース配信」とも相性がよい施策です。

■ ⑤サーベイ（統計情報）施策

　統計情報は、一次情報としての価値が高く、多くのサイトで引用されることが期待できます。予算に余裕があれば、調査会社を活用しながら、大規模に調査を行ってデータを作ってもよいでしょう。

　ただ、それなりの予算がかかってくるため、まずは小規模にトライするために、クラウドソーシングサービスなどを使い、自社でアンケートモニターを募り、調査を実施してみるのもおすすめです。その際には、アンケートモニターの質をどのように担保するかが一つ論点となりますが、質さえ担保できれば安価に実施したい調査を実現できます。

> **ポイント**
> 自社での調査結果を用いて作成した統計データは、独自の一次情報となるため、他サイトで引用される機会も増えるでしょう。

　調査施策はプレスリリース施策・インフォグラフィック施策との相性もよいです。統計情報でインフォグラフィックを作成し、リリース配信すると被リンクを受けやすいでしょう。一次情報はSEO的にも評価が高いコンテンツのため、サーベイは様々な面でやる甲斐がある施策といえます。

⑥逆画像検索

インフォグラフィック施策とも相性がよい被リンク獲得の施策に「逆画像検索」があります。逆画像検索とは、Googleで画像検索をして、自社で制作した画像が掲載されているページを見つけ出し、そのページに引用元として自社サイトへのリンクがなければ、記載を依頼する施策です。

インフォグラフィックやカオスマップなど、多くのサイトが引用したくなるような画像を作っていると、実際に無断で転載・引用されていることがかなりあります。

本来、**引用の条件として、引用元の明記が著作権法で定められているため**、引用元としてリンクをお願いすることはまちがったことではありません。出典なしで利用しているサイトには、引用元のリンクを張るよう連絡しましょう。地道な作業ですが、被リンクを増やせる確率が極めて高い施策です。

⑦採用施策

採用活動をする際、求人サイトへ出稿する企業は多いでしょう。求人サイトによっては、求職者が企業について詳しく理解できるように、コーポレートサイトへのリンクを掲載してくれるサイトも多いです。nofollow属性が付与されることもあるため、すべてのリンクが100%の効果をもたらすとは言い切れませんが、一つ言えるのは「ないよりは、あったほうがよい」ということです。

ポイント

たとえリンクの効果がなくても、会社名のサイテーションは確実に増えますし、SEOに寄与する効果は高いはずです。

SEOの目的で求人を出すのでは本末転倒ですが、せっかく求人を出すのであれば、少しでもSEOにメリットがあるリンクの掲載方法や書き方を実践しましょう。適した欄があればコーポーレートサイトや採用サイトへのリンクを張ったり、具体的な業務イメージを掴むための参考ページとして特定の記事へのリンクを張るなどもよいでしょう。

⑧監修者リンク施策

Chapter4-03（→P.242）でも述べましたが、専門家へ記事の監修や取材を依頼する際は、監修者の所有するSNSやWebサイトで監修実績として紹介してもらえないか、合わせて依頼しましょう。

紹介されることで専門性・テーマ性の高い被リンクを獲得することができるため、SEO評価に大きくプラスとなります。

特にYMYL領域のメディアであれば、医師の所属先クリニックや病院のドメインや弁護士事務所のドメインから被リンクを受けるのも有効です。

⑨セミナー施策

セミナーを開催することによる被リンク獲得もおすすめです。自社でセミナーを開催してプレスリリース施策とかけ合わせたり、他企業との共催セミナーを開催して、お互いのコーポレートサイトで告知をしたり、SNSで拡散して、被リンクやサイテーションを獲得することができます。

> **ポイント**
> ウェビナーはまさに被リンクを獲得しつつ、自社の認知も高められる優秀な施策です。

実際にLANYでも、他社と共同ウェビナーを開催して被リンク獲得したり、数十社合同で行うようなセミナーに参加して、多くの企業サイトから被リンクをもらうことにも繋がっています。

⑩サービスやツールによる被リンク獲得

実施ハードルが高い施策ですが、被リンクを獲得したいサイト内に便利なサービスやツールを作成すると効果が大きいため、リソースがあれば検討してください。ノーコードの時代になり、サービスやツールを簡易的に作りやすい時代でもあり、アイデアさえあればサイトのテーマと近いツールなどは意外と簡単に作れます。

Shopifyなどを利用してオンラインショップを作ってみてもよいですし、LINE公式アカウントなどを活用しながら簡易的なマッチングサービスを作ってみてもよいと思います。

例えば、記事型メディアのサブディレクトリにShopifyでECサイトを作ってオリジナル商品の販売をはじめたとします。その商品をPRしていく中で、ほかのサイトからレビュー記事を書いてもらえたり、商品に関しての取材を獲得することでメディア露出に繋がって自然と被リンクが増え、同一ドメインの記事型メディアに効果を波及させることができます。

ツールやサービスを制作して、プレスリリース施策などとかけ合わせていけば、かなり大量の被リンクを獲得できるでしょう。

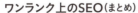
ワンランク上のSEO(まとめ)

自社の事業やWebサイトや事業と相性のよさそうな施策が一つでもあれば、ぜひ挑戦してみよう。

Chapter 4-05

指名検索を増やすには

サマリー

かつては被リンクの効果がSEOにおいて絶大でしたが、最近ではE-E-A-Tによる評価比重が大きくなりました。ブランドの認知および第一想起はE-E-A-Tの裏付けともいえるため、指名検索の重要度が増しています。

■ 指名検索を対策する意義

指名検索はSEO的には外部指標と呼ばれることが多く、被リンクやサイテーションなどに類似した評価指標です**表1**。

表1 SEOの主な評価指標

種類	主な指標・対策
外部指標	・被リンク ・サイテーション ・指名検索　など
内部指標	・TDH最適化 ・ユーザビリティ改善 ・検索意図を満たしたコンテンツ　など
ユーザー行動指標	・エンゲージメント改善 ・再訪ユーザー数改善 ・検索結果経由のCTR改善　など

かつては被リンクの効果がSEOにおいて絶大でしたが、徐々にほかの評価指標の比重も増してます。本書で再三述べているように、E-E-A-TがSEOの順位に与える影響も大きくなっており、筆者の体感ですが、E-E-A-Tの「権威性」を測る要素の一つに指名検索があるのではないかと考えています。社名、商品・サービス名、ブランド名、個人の氏

名などの指名検索が多いということは、権威性が高いという評価に繋がり得るという仮説を立てています。

指名検索が「脳内SEO」とも呼ばれることは前述しました(→P.240)。ユーザーが何かをしよう、買おうと思ったときに脳内に浮かぶ選択肢のマーケティングでは「エボークトセット(想起集合)」と呼び、思い浮かんだ選択肢の中から、ランダムに(確率で)一つのブランドを選んだりします。**頭の中で選ばれるブランドになっているからこそ、指名検索は起きる**と考えられます。

選ばれるブランド、つまり脳内SEOで勝って「○○といえば、△△」という第一想起を獲得できる状態は、E-E-A-Tを測る上で非常に有用な指標になります。その結果、E-E-A-Tを重視する現在のアルゴリズムでは指名検索数が非常に重要視されていると、筆者は推察しています。

「○○といえば、△△」という第一想起の獲得には、直接的なSEOだけではなく、広報ブランディング領域も含めた施策が必要です。その具体的な施策を挙げていきます。

①覚えやすい・検索しやすい名前にする

指名検索を増やすためには、そもそもブランド名(サイト名)が覚えやすく、ユーザーが検索しやすいことが重要です。長い英単語や複雑なスペル、キーボード配列的に打ちづらい文字列では、指名検索数が増えづらくなります。もちろん、ブランド名やサイト名は指名検索だけで決まるのではなく、ブランドの理念やストーリーを反映し決めていくべきですが、覚えやすさや検索のしやすさも重要です。必ず意識して決めてください。

ポイント

SEO担当者の立場から考えるときは、覚えやすく・検索しやすい名前にすることを議論のテーブルに乗せるべきです。

筆者の経験でも、ブランド名を短くしたり、キーボード配列的で打ちやすいものに変えた際には、指名検索数を大きく伸ばすことができました。また、英語表記をカタカナ表記にすることで指名検索を伸ばした事例もよく耳にします。誰もが覚えやすく、検索しやすい名前を意識しましょう。

②SNSを育てて、ユーザーとの接触頻度を高める

XやInstagram、YouTubeなどの**SNS公式アカウントを育てることは、指名検索数の上昇に繋がります**。社名や人の名前、ブランド名を見たことがある、聞いたことがあるといった接触回数の増加は、指名検索へも貢献するからです。発信する情報さえまちがえなければ、基本的には好感度の上昇へ繋がります**図1**。

図1　筆者の個人Xアカウントのヘッダー

▲「SEOといえばLANY」と覚えてもらうことを意識している

> SNSも含めた情報発信戦略を包括的に立てることで、結果的にSEOの成果に跳ね返ってきます。

SNSを育てるには、長い時間と労力がかかりますが、一度資産になれば、SEOの文脈でも中長期的に大きなメリットをもたらし続けてくれますので、ぜひ積極的にチャレンジしてみてください。

③音声メディアを育てる

ポッドキャストやラジオなど、音声メディアの人気は年々上がってきています。テキスト情報よりも感情や発信者の人間性が伝わりやすいため、ファンを作りやすいチャネルです。名前が耳に残ることで記憶に残りやすくなります。音声メディアを聴きながら、別の作業をしているというケースも多く、おもしろい情報が入ってきた瞬間にスマートフォンで指名検索してくれる可能性も期待できます。

④サイトに再訪理由を仕掛ける

ご自身が頻繁に指名検索するサイトを思い返してみると、何かしらトップページなどに最新情報が掲載されていたり、お得な情報があったりと、再訪の動機が用意されていることが多いのではないでしょうか。トップページを作り込んで再訪理由のあるコンテンツにしてあげることで、ユーザーが頻繁に指名検索をしてくれるようになるでしょう。

天気予報や占いのように、毎日確認したくなるようなコンテンツがあると多くの人が再訪するのでおすすめです。自社の領域で"天気予報"や"占い"（毎日見たくなるコンテンツ）は何かを考えて、サイトに実装しましょう。

ワンランク上のSEO（まとめ）

指名検索で生み出す細かな施策を積み重ねて、ブランドの認知や醸成に繋げていく。

Chapter 4-06

トピッククラスターモデル
──概論編

サマリー

トピッククラスターはメディア運営の上で欠かせない戦略です。関連度の高いコンテンツ同士を内部リンクで整理し、ユーザーと検索エンジンのどちらに対してもコンテンツ同士の関係性が伝わりやすくします。

■ トピッククラスターとは

　トピッククラスターは、「**戦略的にコンテンツをまとめることによって、コンテンツ群や1つ1つのコンテンツのSEO評価を高める戦略**」を意味します。

　メディアを運営していく中で記事が多くなってくると、内部リンク構造が煩雑になったり、関連度の薄い記事同士でのリンクが張り巡らされてしまったりと、ユーザーにとっても検索エンジンにとっても理解しづらいサイト構造になりがちです。

　トピッククラスターを適切に作れば、関連度の高いコンテンツ間で相互にリンクジュース（→P.113）を渡したり、内部リンクで記事同士の関係性や親子関係がユーザーや検索エンジンに伝わりやすくなったりします。コンテンツの順位が上がりやすくなるだけではなく、キーワードカニバリゼーションを防ぐことにも繋がります。

　特にトピッククラスターモデルは、記事型メディアサイトを運営していく上で欠かせない戦略です。

　トピッククラスターモデルのサイト構造は、「**ピラーページ**（まとめ記事）」、「**クラスターコンテンツ**（個別記事）」、「**内部リンク**」の3つの要素によって構成されます 図1。

図1 トピッククラスターモデル

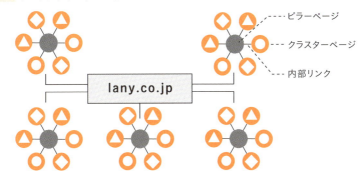

　簡潔に述べると、ピラーページとクラスターコンテンツを特定のルールに従って内部リンクを張り巡らせ、そのまとまり全体でSEO順位を上げていく手法です。以降は、それぞれの要素を一つずつ解説します。

■ ピラーページ（まとめ記事）

　ピラーページとは、トピッククラスターで中心となるページで、「扱っているトピックを包括的にまとめたページ」です**図2**。

　言語には、親子関係があり、例えば「SEO」というトピックなら、その親キーワードは「SEO」で、子キーワードは「被リンク」「コンテンツマーケティング」「E-E-A-T」「クロールバジェット」などになります。

図2 ピラーページの概念

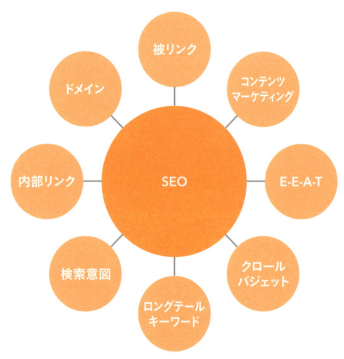

「SEO」と検索するユーザーの意図は様々で、「SEOとはそもそも何か？」が知りたい人もいれば、「SEOにおける内部リンクの役割」を知りたい人や「SEOとコンテンツマーケティングの違い」を知りたい人もいます。多様な検索意図を満たすためには、包括的なコンテンツが必要です。

親キーワードになり得るキーワードは検索意図が多岐に渡るため、1ページですべての検索意図を満たすことは現実的ではありません。だからこそ、Googleも「**記事群として検索意図を満たすことができているか？**」を評価対象にしていると考えられます。

> **ポイント**
> ピラーページとは「特定のトピックに対して包括的にまとめた記事のことである」と理解しておきましょう。

■ クラスターコンテンツ（個別記事）

クラスターコンテンツとは、「**ピラーページを下支えする各個別コンテンツのこと**」です。**図2**のピラーページで扱っている包括的なトピックの詳細を、1つ1つ掘り下げたコンテンツのようなイメージです。先ほどの「SEO」のトピックの例なら、「被リンク」や「クロールバジェット」などの個別具体のテーマを扱うコンテンツになります。

クラスターコンテンツをテーマごとにどの程度切り分けるかはとても重要で、適当に考えてしまうとカニバリ（→P.55）を発生させる原因にもなります。そのため、まずはSEOツールを用いて大量のキーワードを洗い出し、そのキーワードの中からトピッククラスターの基本に従って、クラスターコンテンツとして対策するものをていねいに選定していきましょう。

■ 内部リンク

トピッククラスターを構成していく際に、最も頭を悩ませるのが内部リンクの張り巡らせ方です。基本的には、内部リンクは「**ピラーページを『主』、クラスターコンテンツを『従』とした形**」で張り巡らせます。

> **ポイント**
> より簡単に述べると、クラスターコンテンツからピラーページに向けて内部リンクを集約していくイメージです。

図3の例でいうと、外側にあるクラスターページ（例：被リンク、ドメインなど）から、ピラーページ（SEO）に向けて内部リンクを集約する形です。

図3　内部リンクのイメージ

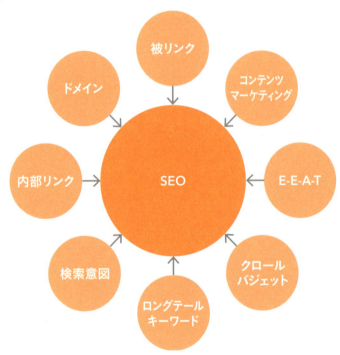

　このようにしてトピッククラスターモデルを構築するメリットは3つあります。

■ ビッグ・ミドルキーワードで上位表示が狙える

　ピラーページで対策しているキーワードは、いわゆるビッグキーワードやミドルキーワードに分類される「検索ボリュームが大きく、検索意

図が多岐に渡るもの」です。

トピッククラスターモデルを構築すると、第一に**内部被リンクによって、リンクジュースがピラーページに多く渡ります**。リンクジュースが多ければ多いほど、ページのSEO評価は上がるため、順位も上昇する傾向にあります。トピッククラスターにおけるピラーページは「必然的にクラスターコンテンツからの内部被リンク」が多くなるため、SEOに優位です。

また、「関連性が高いコンテンツ間のリンクのほうが、より多くのリンクジュースが渡る」という考え方もあり、トピッククラスターはコンテンツ間の関連度が非常に高いことを検索エンジンに伝えやすい構造になるため、順位が上がりやすいと考えられます。

第二に、クラスター全体でユーザーの検索意図を網羅できるためです。あまり意識されないことが多いですが、キーワードごとにSEO対策のスコープが異なる点も押さえておきましょう。具体的には、**表1**のように、ビッグ・ミドル・ロングテールごとに対策すべきスコープは異なります。

表1 キーワード種別ごとの対策スコープ

キーワード種別	対策スコープ
ビッグ	ドメイン全体
ミドル	カテゴリ／トピッククラスター単位
ロングテール	ページ単位

ポイント

キーワードが大きいほど多くの検索意図を包括しており、単一ページで検索意図を満たすことが不可能になります。

表1のように、ミドルキーワードは「トピッククラスター」を対策のスコープとして、上位表示を狙います。ミドルキーワードの検索意図もそれなりに多岐に渡るため、1ページですべての検索意図を満たそうとすると、ユーザービリティの悪い極端なロングコンテンツになってしまいます。そのため、Googleも「コンテンツ群」で評価しようとしていると考えられます。コンテンツクラスターのきめ細かな、かつ戦略的な構築はミドルキーワードの上位表示を狙う上で非常に重要です。

■ 記事群全体の平均順位の底上げに繋がる

　トピッククラスターモデルでは、ピラーページだけではなく、それを支えるクラスターコンテンツも同様に順位が上がりやすくなります。前述した通り、リンクジュースは、関連するコンテンツ間のほうが流れやすく、クラスターコンテンツからピラーページに大量のリンクジュースが流れます。このとき、リンクジュースが集まったピラーページからクラスターコンテンツに向ける内部リンクも存在し、リンクジュースを一定割合返していくため、**巡り巡ってトピッククラスター全体の順位が底上げされる**ためです 図4。

図4 リンクジュースの循環イメージ

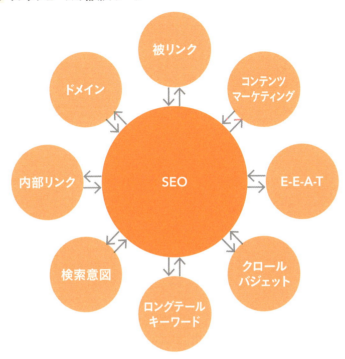

■ ロングテールキーワード戦略を実施できる

　トピッククラスターモデルと、ロングテールキーワード戦略の相性は非常によいです。ロングテールキーワードとは「3語や4語のキーワードの掛け合わせで生成される複合キーワード」のことで、競合性が低く上位表示が狙いやすい特徴があります。ロングテールキーワードは**ページ単位の評価で上位表示が狙える**ため、トピッククラスターのクラスターコンテンツはページをきちんと作り込めば、**ドメインがそこまで強くなくても**上位表示を狙えます図5。

図5 ドメインに応じたキーワード選定戦略

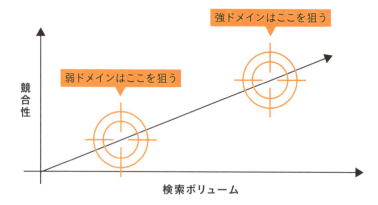

　上位表示されたクラスターコンテンツから包括的なトピックをまとめたピラーページへ読者を送客することで、キラーページ（コンバージョンしやすいページ）にも読者を送り込みやすくなります。

　たとえ、クラスターコンテンツがコンバージョンから遠い検索ニーズに対応している記事であったとしても、**「クラスターコンテンツ→ピラーページ→キラーコンテンツ」のように導線を設置**すれば、コンバージョンに繋がっていくのです。「トピッククラスター×ロングテールキーワード戦略」は、個人ブログや小規模サイトなどの「弱者のSEO戦略」として優れた戦術です。ぜひ取り組んでみてください。

ワンランク上のSEO（まとめ）

記事単位ではなくコンテンツ群の総合力で戦う戦略になるため、トピッククラスターはきめ細かに設計しよう。

Chapter 4-07

トピッククラスターモデル ―実践編

サマリー
成果が出るトピッククラスターモデルを構築する手法を「トピックの選定」「ピラーページの対策キーワード選定」「クラスターコンテンツの選定」「内部リンク構造の策定」の4ステップで解説していきます。

■ Step1:トピックを選定する

まずはトピックを定めましょう。トピックを決めるときは、そのサイトの目的であるコンバージョンを獲得するために、**「誰に・何のテーマで」情報を発信すべきか**を考えるのがポイントです。

ポイント
トピックは「対策キーワード」ではありません。少し大きめの粒度の概念を選びましょう。

具体的な粒度のイメージは次の通りです。

- 20代の転職活動
- コンテンツマーケティングの手法

■ Step2:ピラーのキーワードを選定する

ピラーページには、**トピックに興味がある人が検索しそうなビッグキーワード、ミドルキーワードを選定**しましょう。そのトピッククラス

ターで最終的に上位表示を目指したいキーワードにあたります。基本的には、1語もしくは2語程度のキーワードになります。先ほどの例であれば、次のようなキーワードになるイメージです。

キーワード例
- 20代　転職
- コンテンツマーケティング

■ Step3：クラスターコンテンツを選定する

　ピラーページの対策キーワードに付随する形で、その周辺のクラスターコンテンツを選定しましょう。その際は、各種SEO分析ツールを用いてキーワードの洗い出しを行うのがおすすめです。

　細かく行わないと、カニバリゼーションが発生してトピッククラスターやドメイン全体の評価を下げることになりかねません。具体的にはChapter4-02（→P.221）を参照して作業してください。

　クラスターコンテンツはピラーのテーマを細分化した内容を扱うものの、切り分けすぎると一つの記事の情報量が少なく、検索流入を見込めなかったり、低品質コンテンツとみなされたりするリスクがあります。領域・テーマにもよりますが、**クラスターコンテンツは、ロングテールキーワードを対策するイメージで選定**しましょう。

　先ほどの例であれば、次のようなキーワードになるイメージです。

キーワード例
- 「20代　転職　失敗」「20代　転職　2回目」など
- 「コンテンツマーケティング　btob」「コンテンツマーケティング　費用」など

　ある程度の検索ボリュームがあり、コンバージョンに繋がる可能性があるキーワードを選定していきましょう。

> **ポイント**
> ロングテールキーワードは、それ単体でも**事業貢献**するキーワードを選べると効率的です。

■ Step4:内部リンク構造を定める

ピラーページのキーワードとクラスターコンテンツが決まれば、あとはそれらをどう内部リンクで結ぶかを設計するだけです。リンクジュースが行き渡る基本的な概念は、次のようなものです。

- すべてのクラスターコンテンツからピラーページに内部リンクを送る
- クラスターコンテンツ間は、必要であれば内部リンクを送り合う

次の点も意識するとより効果的なトピッククラスターとなるでしょう。

- クラスターコンテンツからピラーページへのリンクは、テキストリンクとする。
- アンカーテキストにはピラーページの対策キーワードを入れる。
- クラスターコンテンツからピラーページへのリンクは、なるべく冒頭に入れる。
- クラスターコンテンツ同士のリンクは、クラスターコンテンツからピラーページへのリンクよりも下部に入れる。

あくまで推奨ですが、以上も念頭に置いてください。

> **ワンランク上のSEO（まとめ）**
> トピッククラスターモデルは戦略にもとづいてトピックとキーワードを設定し、コンテンツを計画的に制作する。

Chapter **4-08**

生成AIの活用
―記事型メディア

サマリー

SEOに生成AIを活用すると聞くと、生成AIを使った記事作成が思い浮かびますが、生成AIのみで制作した記事で上位表示を獲得することは困難です。ここでは記事の品質を高めるために生成AIを活用するアイディアを紹介します。

■「記事の大量生産」以外の活用方法

　生成AI×記事型メディアと聞くと、「記事の大量生産」を思い浮かべる方も多いでしょう。プロンプト（AIへの命令文）を磨き込んだり、生成AIを搭載したSEOツールなどを活用したりすれば、ある程度の品質の記事を人間がライティングすることなく生成することは可能です。しかしながら、生成AIの活用が進み、誰でも"ある程度の品質の記事"が生成できるようになった世界では、"最高品質の記事"でないと上位表示を目指すことは難しくなるでしょう。筆者個人は、生成AI「のみ」を活用したライティングで記事を制作することに対して、推奨派ではありません。

　一方で、**生成AIと人間がうまく協業しながら記事を制作**していくことで、最高品質の記事ができていくと信じています。だからこそ、生成AIをうまく活用していきましょう。記事型メディアにおける生成AIの活用例としては、次のようなものが挙げられます。

- 検索意図の深掘りに活用する
- 記事に利用したい「具体例」の生成に活用する

■ 検索意図の深掘りに活用する

　コンテンツSEOでは、読者の検索意図の深掘りは非常に重要です。基本的なやり方はChapter3-02（→P.95）で述べましたが、生成AIを活用して**5W1Hの視点で検索意図を簡易的に深掘りする**活用方法もよいでしょう。**図1**は生成AIに「iPhone　ケース」の5W1Hを例示した上で、「ニート　正社員」の検索意図を5W1Hで深掘りさせたときの回答が**図2**になります。

　どれだけ細かい質問や深い質問をしても、逆に雑な質問の仕方をしても、生成AIであれば嫌な顔せずに、すべて即時に答えてくれます。実際に検索意図を深掘りする際には、記事の執筆者が頭で考えたり、ペルソナと思われる人に話を聞いてみるのもおすすめですが、その手前の「検索意図の仮説出し」のフェーズであれば、生成AIとの壁打ちでも十分に示唆が得られます。

図1「ニート　正社員」の検索意図を5W1Hで深掘り

> いずれかの5W1Hの観点で検索意図を深掘りしたい。
> 下記例を参考に「ニート 正社員」と検索する読者の検索意図を、いずれかの5W1Hで深掘りしてください。
>
> 例：「iPhone ケース」
>
> いつ：iPhoneを買ったとき？→なぜ？→新品のきれいさを維持したい→なぜ？→修理費が発生したり買い替え時の下取りに影響があるのは嫌だから→なぜ？→お金が減るのは嫌だから→なぜ？→生活に影響するから→なぜ生活に影響したくない？→安全の欲求があるから
>
> 誰：iPhoneを持っている人→なぜAndroidじゃない？→Androidだと馬鹿にされたことがある→馬鹿にされるとどうなる？→疎外感を感じるので嫌←社会的欲求
>
> 何に：iPhoneに→ケースなしのiPhoneのままだとどうなる？→人と被る→被りたくない←承認欲求・自己実現欲求

図2 AIの回答

> 「ニート 正社員」と検索する読者の検索意図を、「なぜ」の観点から深掘りしてみます。
>
> **なぜ：経済的な自立を達成するため**
> - 経済的に自立するために正社員になりたい→なぜ？
>   - 安定した収入を得たい→なぜ？
>   - 自分の生活を安定させたい→なぜ？
>   - 生活の質を向上させたい→なぜ？
>   - 欲しいものを買いたい、自由に使えるお金が欲しい→なぜ？
>   - 経済的な自由を感じたい、他人に頼らずに生きたい→なぜ？
>   - 自己肯定感を高めたい、他人から認められたい→なぜ？
>   - 自分に自信を持ちたい、社会の一員として貢献したい→なぜ？
>   - 社会的な承認を得たい、自分の存在価値を確認したい
>
> このように深掘りすると、以下のような検索意図が見えてきます。
>
> - **安定した収入を得たい**：不安定な収入では生活が不安定になり、将来への不安が大きくなるため、正社員としての安定収入を求めています。
> - **生活の質を向上させたい**：安定した収入により、生活の質を向上させ、欲しいものを手に入れたり、趣味や娯楽を楽しみたいという欲求があります。
> - **経済的な自由を感じたい**：経済的な自立により、他人に頼らずに生きることで、自己肯定感や自信を持ちたいと考えています。
> - **自己肯定感を高めたい**：安定した仕事を持つことで、自分に自信を持ち、他人から認められたいという社会的な欲求があります。
> - **社会的な承認を得たい**：正社員として働くことで、社会の一員としての存在価値を確認し、貢献したいという気持ちがあります。
>
> これにより、「ニート 正社員」と検索する読者の背後には、安定した生活や経済的な自由、自己肯定感の向上、社会的な承認を求める深い欲求があることがわかります。

ポイント

生成AIを「壁打ち相手」として活用するのは非常におすすめですので、いろいろな壁打ちを試してみましょう。

■ 記事に利用したい「具体例」の生成に活用する

執筆する記事の中で具体例を提示することは、意外と難しいもので

す。記事の骨子や概念的な話は、リサーチや自身の知識をもとにスムーズに書くことができますが、具体的な例となると筆が止まってしまうことも少なくありません。

具体例は記事のオリジナリティを高め、読者の理解を深める上で非常に役立ちます。生成AIから具体例を引き出すという役立て方もあるので、積極的に活用していきましょう。**図3**は、比喩表現の具体例をChatGPTに提案してもらった例です。

図3 生成AIに具体例を質問した様子(例:SEOと広告の違い)

```
SEOと広告の違いを中学生でも分かるような比喩表現を用いて教えて
ください。
伝えたい点としては以下の通りです。

・SEO
即効性はないが、効果は継続するので資産となる

・広告
即効性はあるが、効果が継続しないのでフローとなる
```

メモリを更新しました

SEOと広告を「畑とスーパーマーケット」に例えて説明しますね。

SEO:畑を耕す

SEOは、畑を耕して作物を育てるようなものです。畑を耕して種を蒔いても、すぐに作物が育つわけではありません。時間がかかりますが、しっかりと育てれば、何度も収穫できる作物が手に入ります。つまり、SEOは時間がかかるけれど、一度成果が出れば、その効果は長く続く資産になります。

広告:スーパーマーケットで買い物

広告は、スーパーマーケットで食べ物を買うようなものです。お金を出せば、すぐに食べ物が手に入りますが、その食べ物がなくなったら、また買わなければいけません。つまり、広告はお金をかければすぐに効果が出るけれど、その効果は一時的で、続けるにはお金を使い続ける必要がある、いわばフローです。

このように、SEOはじっくりと育てることで長く続く「畑」であり、広告は即効性があるけれど続けるためにお金が必要な「スーパーマーケットでの買い物」のようなものです。

満足のいく具体例が出るまで、「具体例をもう10個出してください」「○○の観点を踏まえて再度出してください」などの質問を投げて、生成AIを思いっ切り使い倒しましょう。

> **ポイント**
> 生成AIは、アイデアを無数に出すことには向いているため、具体例がほしい場合は、ぜひ活用してみてください。

ワンランク上のSEO(まとめ)

生成AIは記事制作で困ったときにすぐ壁打ちの相手になってくれる、アシスタントのような使い方がおすすめ。

Chapter **4-09**

生成AIの活用
―データベース型サイト

サマリー

生成AIによりデータベース型サイトのSEOでできることの幅が一気に広がりました。実際にLANYがデータベース型サイトSEOのご支援で成果創出に繋がった生成AIの活用アイディアを2つ紹介します。

■ 詳細ページの情報量拡充

　データベース型サイトの詳細ページは、ECサイトなら商品ページ、不動産サイトならマンションや店舗の物件ページが該当します。通常これらのページは、ECサイトならメーカーから情報をもらって入稿したり、不動産サイトであれば物件データベースの情報をもとに作成したりします。しかし、それだけでは情報が足りなかったり、差別化のために情報を追加したい場合が発生します。

　その際、営業担当者やサイト運営者が詳細ページ1つ1つに情報を付け足していくこともできますが、数百万もあるような商品やマンションのページに対して、1つ1つ人間が対応するのは現実的ではありません。そのため、従来は詳細ページの情報量拡充は諦めてしまうことが多かったのです。

　しかし生成AIを活用すれば、数百万に及ぶ詳細ページにも独自情報を追加することが可能になりました。具体的には、詳細ページの情報を読み込ませて、要約を生成AIに作らせたり、信頼できる第三者データと詳細ページの情報やそのほかの参考になる情報を読み込ませてコメントを生成させたりするなどが可能です**図1　図2**。

　LANYでも、生成AIを活用したデータベース型サイトの詳細ページの情報量拡充を行った事例はいくつかあり、詳細ページ拡充により、**イ**

ンデックス率が向上したり検索順位が向上したりと、大きな成果も出ています。

図1 AIのプロンプト

```
（1）以下のURLから、このお店の魅力や特徴を紹介してください。
箇条書きは用いず、すべて文章で書いてください。
https://tabelog.com/████████████

（2）出力した文章の中から、このお店の特徴であるポイントを、3つ以上6つ以下で可能な限り多く挙げてください。テキストは4単語以上で記載し、最後の1単語は形容詞の終止形または名詞になるようにしてください。住所やアクセス・地域名に関する情報を最低1つ含めてください。

（3）今挙げた全てのポイントについて、1つ目のステップで出力した文章を元に、それぞれ説明文を書いてください。<h3>の内容は（2）で挙げたポイントの表現をそのまま使用してください。

#出力フォーマット
<h3>ポイント1</h3>
<p>ポイント1についての説明文</p>

<h3>ポイント2</h3>
<p>ポイント2についての説明文</p>

<h3>ポイント3</h3>
<p>ポイント3についての説明文</p>

#良い例
<h3>最寄り駅から徒歩4分の好立地</h3>

#悪い例
<h3>ポイント1：最寄り駅から徒歩4分の好立地</h3>

#注意点
・説明文は初心者にも分かりやすい言葉遣いを意識し、もし難しい言葉がある場合は補足説明を加えながら書いてください。
・それぞれの文章の最後に、そのポイントはどのような霊園を探している人におすすめのポイントであるかを、具体例を挙げつつ分かりやすく詳細に書いてください。
```

図2 AIの回答

> 1件のサイト を検索しました
>
> (1) ███████ は、渋谷駅から徒歩8分の場所に位置し、最大30名までの貸切パーティースペースを提供しています。特にインドアでの花見が楽しめるラグジュアリーな空間が特徴で、雨や花粉を気にせず桜の装飾を楽しめます。プロジェクターやダーツマシーンなどの無料設備が充実しており、イタリアンを中心としたケータリングプランも豊富です。屋上テラスもあり、天気の良い日には開放的なパーティーが可能です。
>
> (2) ポイント1：渋谷駅から徒歩8分の好立地 ポイント2：インドアでの花見を楽しめる ポイント3：プロジェクターやダーツマシーンが無料 ポイント4：ラグジュアリーな貸切空間
>
> (3)
> <h3>渋谷駅から徒歩8分の好立地</h3> <p>このスペースは渋谷駅から徒歩8分の位置にあり、非常にアクセスが良いです。ビジネスパーソンや観光客にとって便利で、イベント参加者も集まりやすい立地です。</p> <h3>インドアでの花見を楽しめる</h3> <p>室内で桜を楽しめる装飾が施されており、天候や花粉を気にせず本格的な花見ができます。春のイベントやパーティーに最適な特徴です。</p> <h3>プロジェクターやダーツマシーンが無料</h3> <p>最新の娯楽設備が無料で利用可能で、プレゼンテーションやゲームなど、多様なイベントに対応できます。設備充実の場所を探している方におすすめです。</p> <h3>ラグジュアリーな貸切空間</h3> <p>全席ソファーでくつろげるラグジュアリーな空間が魅力で、特にプライベートなパーティーや集まりに理想的な環境です。</p>

　プロンプトの工夫が必要だったり、APIを活用する際にはコストもかかったりするため、実行までのハードルはありますが、ワークフローを軌道に乗せた後の成果は非常に大きいため、ぜひチャレンジしてみてください。

■ TDルールのユニーク化

　データベース型サイトのTD(title、meta description)は、ルールベースで生成することがほとんどです。例えば、生成AIのAPIを活用すれば、大規模データ（大量の求人情報など）に対して適したTDを、数万でも数十万でも生成可能です。データベースの情報を変数として呼び出し、次のような形でTDを生成します。

> titleの例
> - $エリア名$のアルバイト・バイト求人情報｜（サイト名）でバイトやパートのお仕事探し
> - （サイト名）$市区町村名$の賃貸（賃貸マンション・アパート）住宅のお部屋探し物件情報（$都道府県名$）

> meta descriptionの例
> $都道府県名$のアルバイト・パート求人情報なら（サイト名）。高時給、短期・日払い、未経験OKなどの人気求人が満載！給与・シフトなどの充実した条件検索と、面接対策などのお役立ち情報で、あなたのバイト探しを全力サポート！

> 【（サイト名）】$都道府県$$市区町村名$の賃貸マンション・賃貸アパートなど、賃貸住宅の検索結果一覧です。マンションやアパートの貸家を借りるなら（サイト名）。$都道府県$$市区町村名$の豊富な賃貸情報からあなたにピッタリの住まい情報を見つけて

ルールをていねいに設計すれば、データベース型サイトで対策したいキーワードカテゴリの対策は網羅できます。ただ、ページごとのtitleやmeta descriptionの類似率が非常に高くなるため、稀にインデックス率が低くなることもあります。例えば、次のように生成AIを活用してタイトルルールをユニークにすることも効果的です。

> before
> $エリア名$のアルバイト・バイト求人情報｜（サイト名）でバイトやパートのお仕事探し

> after
> 【生成AIで作成するコピー】$エリア名$のアルバイト・バイト求人情報｜（サイト名）でバイトやパートのお仕事探し

適用例
【学生同士の仲がよい】＄エリア名＄のアルバイト・バイト求人情報｜（サイト名）でバイトやパートのお仕事探し

ポイント

コピーが長すぎてタイトルのテーマ性が損なわれると、対策キーワードの順位下落のリスクもあるため注意します。

　このようにコピーを入れることで、titleのユニーク化ができインデックス率の向上に繋がったり、コピーの箇所に入っているキーワードで獲得できるキーワードバリエーションに広がりが出たり、魅力的なコピーであれば検索結果経由でのCTRの上昇にも繋がります。

ワンランク上のSEO（まとめ）

titleはトライ＆エラーがしやすい領域。数十ページ程度でスモールテストから始めてみよう。

Chapter 4-10

低品質コンテンツ対策

サマリー

低品質コンテンツを放置し、数が増えるとサイト全体のSEO評価に悪影響を及ぼすため、早期の対策が重要です。ここではまず、GoogleとSEO担当者それぞれが定義する「低品質コンテンツ」を理解します。

■ 低品質コンテンツを把握する

Googleが2022年に実施したヘルプフルコンテンツアップデート（→P.109）により、低品質コンテンツのケアがSEOにおいて重要度を増してきています。量が少ないうちは大きな問題ではないものの、改善せず放置を続ける中で低品質コンテンツの数が増えてしまうと、サイト全体のSEO評価に悪影響を及ぼします。

なお、「低品質コンテンツ」といってもGoogleが公式に述べている類のものと、SEO担当者が考えるものとがあるため、**表1**にまとめました。

表1「低品質コンテンツ」の定義

Googleが述べている低品質コンテンツ	・コンテンツの自動生成 ・内容の薄いアフィリエイトページ ・無断複製されたコンテンツ ・誘導ページ
SEO界隈で語られる低品質コンテンツ	・重複ページ ・サーチコンソールで「クロール済 – インデックス未登録」のステータスになるページ

■ コンテンツの自動生成

コンテンツの自動生成とは、プログラムによって自動生成されたペー

ジのことです。AI技術の進歩により、キーワードにもとづいて自動でページを生成できるところまで技術も発達してきています。それらのページはSEO目的で作られていることが多いものの、自動生成ページの内容は、品質が担保されていないため、閲覧者にとって何の価値ももたらさない低品質コンテンツとみなされています。

　Googleは**生成AIをコンテンツ制作に活用すること自体は問題ない**と述べていますが、**検索結果の操作を目的としている場合はスパムとして低品質コンテンツとみなす**としています。

> **ポイント**
> 生成AIに、検索エンジン向けに作らせたようなコンテンツは、低品質とみなされる可能性が高いです。

■ 内容の薄いページ

　アフィリエイトページに対しては、Googleも厳しく判断しています。内容の薄いアフィリエイトページとは、例えば商品やサービスを紹介するページで、公式の販売者のページから内容を直接コピーしただけで独自のコンテンツや付加価値がまったくないものなどが挙げられます。また、サイト全体がアフィリエイトコンテンツで構成されているものに対しても、ユーザーへの付加価値が低いと述べています[※1]。

> **ポイント**
> Googleはほかのサイトとフェアに比較・評価します。閲覧者に対して付加価値のあるページ作成を意識しましょう。

※1 「Google ウェブ検索のスパムに関するポリシー - 内容の薄いアフィリエイト ページ」
https://developers.google.com/search/docs/essentials/spam-policies?hl=ja#thin-affiliate-pages

レビューシステム[※2]という、高品質なレビューコンテンツには高評価を与える仕組みもGoogleは導入していますので、アフィリエイトとして何か商品やサービスを紹介する際には、レビューシステムの観点を意識していきましょう。

■ 無断複製されたコンテンツ

「スクレイピング」と呼ばれるWebサイトから自動的に大量のデータを抽出する技術などを用いて無断で複製されているコンテンツは、低品質とみなされます。スクレイピング自体が問題ではないですが、スクレイピングした内容に**何か独自の情報や付加価値をつけているかどうか**が問題です。実際にアグリゲーションサイトなどは大量のWebサイトの情報をスクレイピングすることで選択肢を増やすという付加価値をつけて、Googleから大きく評価されていたりもします。

> **WORD**
>
> **アグリゲーションサイト**
> アグリゲート（aggregate）は「集約」という意味。特定のテーマのもとに、複数のサービスや情報を1つのサイトに集約し、閲覧できるようにしたもの。

■ 誘導ページ

誘導ページとは、特定のキーワードで上位表示されることだけを目的としたページです。検索結果のみを入口として機能するページであり、スパムサイトの場合は類似コンテンツを不必要に細かく切り分けて作成したりします。そのようなユーザーにとって価値がないページは低品質

[※2] https://developers.google.com/search/docs/appearance/reviews-system?hl=ja

コンテンツとして定義されています。

■ 重複ページ

　SEO界隈で語られる「重複ページ」は定義が1つではないため、たびたび議論になりがちです。

　Search Consoleのカバレッジレポートで「重複」のステータスになるもの**図1**は明確でわかりやすいですが、コンテンツが完全に一致していたら重複ページなのか、一定以上の割合で一致していたら重複ページなのか、カニバリが発生していたら重複ページなのかなど、定義が曖昧です。

> **ポイント**
> 「重複」ステータスになっていなかったとしても、重複判定をされているページも存在すると考えられています。

図1　カバレッジレポートの「重複」ステータス

具体的な指標をもって判断できないのですが、次のようなものは重複ページに該当する可能性が高いため、コンテンツの見直しや削除などを行いましょう。

- Search Consoleで「重複」判定をされている
- Search Consoleで「クロール済み - インデックス未登録」に分類されている
- サイト内の他ページとコンテンツが似通っており、まったく検索結果に表示されていない（インプレッションがない）

　カニバリの問題にも近いですが、インデックスされているにもかかわらず、どんなクエリでもまったく検索結果に表示されていない場合には、何かしらの問題があると考えたほうがよいでしょう。
　「クロール済み - インデックス未登録」については、このあとも詳しく見ていきます。

■「クロール済 − インデックス未登録」の場合

　Search Consoleのカバレッジレポートにて「クロール済み - インデックス未登録」というステータスになるページ図2は、低品質コンテンツとしてみなされる可能性が高いといえます。
　このステータスになる原因は、次のうちどちらかがほとんどです。

- サイト内／外で重複している（ユニーク性が低い）
- コンテンツ内容が薄い

Chapter4-10 低品質コンテンツ対策

図2 「クロール済み - インデックス未登録」の例

前者については、「重複ページ」で解説した内容です。

「コンテンツ内容が薄い」というのは、例えば記事であれば情報量が非常に少なく、ユーザーの検索意図を満たし切れないページが該当します。

実際に、LANYが調査した大規模な記事型メディアで「クロール済み - インデックス未登録」の該当ページを調査すると、文章が2～3行程度しかない内容が薄いページがほとんどでした。さらに、データベース型サイトにおけるリストページのアイテムヒット件数とインデックス率の相関を調査すると、アイテムヒット件数が少なければ少ないほどインデックスされづらいという傾向もありました。

後述しますが、そういった低品質コンテンツを大量に削除（ステータスコード404の物理削除もあれば、noindexタグによるインデックスからだけの削除した場合もある）をしたことで、サイト全体のパフォーマンスを向上させた事例もいくつかあります。

285

まずは自サイトのSearch Consoleのカバレッジレポートを開いて、「クロール済み - インデックス未登録」ステータスにどのようなページが含まれているかの調査からしてみてください。

ポイント

大規模サイトで低品質コンテンツを改善すると、クロール効率改善やサイト評価向上など、よい結果が出ています。

■ 低品質コンテンツへの対策方法

続いて、自社サイト内の低品質コンテンツに対処しましょう。対策方針は改善をして高品質にするか、削除してしまうかのどちらかです。ここでは4つの手法を紹介します。低品質コンテンツを削除するのは最終手段とすべきです。

■ 対策①:コンテンツ品質を改善する

サイトのテーマ性を高めるためにも、可能な限り**そのテーマに関わるコンテンツ品質を改善する**ところから検討をはじめましょう。検索エンジン経由の評価やユーザー行動のデータを踏まえ、高品質なコンテンツに作り替えることで、サイト全体の評価向上に繋げることができます。

対策するページは、Search Consoleの「カバレッジレポート」のステータスと、検索順位や検索されているキーワード（もしくは表示されないか）を確認し、課題と対策方針をまとめます。同時に、GA4でユーザーがページ内を回遊や滞在しているのかや、CTAのクリック数やサイト登録といったイベント数も確認すると、改善方針のヒントになります。

具体的なコンテンツの改善方法については、Chapter3-02（→P.93）で詳しく述べたので参照してください。

■ 対策②:canonicalを設定する

canonicalタグは、重複ページの中から評価対象としたい代表ページ（正規URL）を指定するタグです。例えばA、B、Cの重複コンテンツがあった際に、Aのページを評価対象にしたい場合は、BとCのHTMLページ内に以下のようにタグを追加します。

> <link rel = "canonical" href = "A（評価させたいページ）のURL">

これによってクローラーはBとCのサイトを巡回したときに「Aのサイト」を評価対象とするので、重複コンテンツがあっても、意図したURLを適切に評価してもらえます。

ポイント

クローラーに代表ページを認識させることで、適切なインデックスや被リンク評価の分散防止といった成果を期待できます。

ただし、canonicalは命令タグではなく、あくまでの**検索エンジンに正規ページをヒントとして伝えるタグ**になるため、canonicalタグを設定したあとに、実際にGoogleから正規ページがcanonicalタグで指定した先になっているのかはSearch Consoleで必ず確認してください。もしも狙った効果が出なければ、次に紹介するnoindexタグの設定を行いましょう。

■ 対策③:noindexを設定する

　noindexタグは検索エンジンに対してインデックスをしない、または既にインデックス登録されているページをインデックスから削除するように指示するタグです（→P.198）。

　noindexタグは、HTMLのhead内のmeta要素に記載するか、HTTPレスポンスヘッダーに記載する、どちらかの方法で設定が可能です。

> **ポイント**
> canonicalと同じように扱われることがありますが、noindexはインデックスに登録しない、または削除という使い方です。

　canonicalタグは「インデックスは削除せず、正規化（評価統合）だけを実施」するのに対し、noindexタグは「正規化（評価統合）はせず、インデックスのみ削除」します。低品質コンテンツに該当するものの、喫緊で改善できない場合の応急処置としてnoindexを設定すれば、インデックスされないためマイナス評価を免れることができます。コンテンツの改善が完了したらnoindexの記述をなくしましょう。

■ 対策④:ステータスコード404を設定する

　対策①～③が紹介した方法が効かない、またはできない場合、ステータスコード404を設定する（ページを物理削除する）ことも検討します。canonicalタグやnoindexタグでは、ページ自体は閲覧可能な状態で残り続け、定期的にクロールも回ってくるため、クロールリソースの削減を100%実現できているわけではありません。ページの内容が低品質で、

そもそもユーザーに見せる必要すらないのであれば、**ステータスコード404で物理的に削除**してしまうほうが、ユーザビリティ的にもクローラビリティ的にも得られるものは多いでしょう。

なお、削除対象としてなり得るのは、例えば記事型コンテンツであれば、過去のトレンド記事などの「現在では情報も古く、不必要なページ」などです。また、情報量が少なくインデックスされていないページや、インデックスされていてもどのキーワードでも順位がついていないページなどはまず改善から考えるべきですが、最終的には削除候補として検討してもいいでしょう。

Chapter 4 手法別にSEOを実践する

ワンランク上のSEO（まとめ）

低品質コンテンツへの対処はリスクも伴うため、専門知識がある人と相談しながら慎重に実行しよう。

Chapter 4-11

フラッシュリライトのすすめ

サマリー

記事型メディアでは、記事のリライトは必須の施策です。記事をイチから書き直すような大幅なリライトもありますが、簡易的なリライトを大量かつ高頻度で行うほうが成果を実感できるケースも多いです。

■ 大量の記事を簡易的・高頻度でリライト

「フラッシュリライト」はLANYが作った造語で、簡易的な記事のリライトを指します。リライトというと、記事をイチから書き直すイメージを抱く人も多いかもしれませんが、フラッシュリライトは、大量の記事を簡易的かつ高頻度でリライトし、成果に繋げていくものです。LANYがクライアントの記事型メディア改善プロジェクトで行うフラッシュリライトの施策は、以下の内容です。

① TDHの調整
② 内部リンクの調整
③ CTAの調整
④ 内容の簡易追加
⑤ えいやH2
⑥ リード文の最適化
⑦ 検索意図に合わせた章の入れ替え
⑧ オリジナル画像の差し込み
⑨ よくある質問の追加
⑩ マークアップ調整

これらのどれを行うと効果的かは、図1の例を参考にしてください。

図1 フレッシュリライトの手段を決める一例

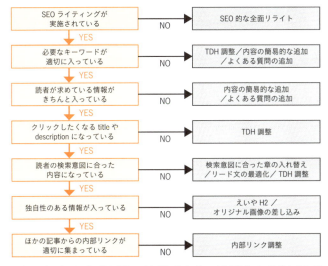

▲これに当てはまらなければ、記事単位ではなくサイトやディレクトリ単位での改善を考えてみてほしい

■ TDHの調整

　TDHはtitle、meta description、hタグの頭文字をとった略称で、Chapter3-11（→P.149）でも解説しました**表1**。

表1 TDHのタグの意味

タグ	意味	Googleの解析
title	タイトルタグ	ページのメインテーマとなる重要なキーワードが含まれていると考える
meta description	ページ内容の説明	ページの内容について簡潔な要約が書かれていると考える
hタグ	見出し	ページのメインテーマに関する各種サブテーマとなる重要なキーワードが含まれていると考える

　TDHを調整するのは短時間で可能ですが、うまく行えば大きな効果が得られます。具体的には、次のようなことを実施します。

- Search Consoleなどで確認できる流入キーワードに合わせてタイトルを調整する
- CTRを高めるための魅力的なコピーをmeta descriptionに盛り込む
- 流入数を増やしたいキーワードをかけ合わせキーワードとしてhタグに含める

図2のように、記事を書く/リライトする→流入キーワードをチェックする→対策キーワードを調整するというサイクルをグルグル回していくようにしましょう。

図2 Search Consoleを活用したキーワードのチューニング

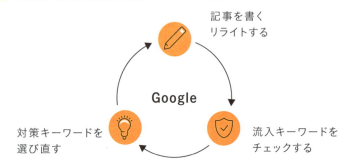

TDHの具体例

あるとき「仕事行きたくない　新入社員」を対策キーワードとして記事を作成しましたが、公開数週間後に、その記事の流入キーワードを確認すると図3のような状態でした。

図3 「仕事行きたくない 新入社員」の検索パフォーマンス

キーワードは異なるが、
検索意図はいっしょ

　この場合には、対策していた「仕事行きたくない　新入社員」ではあまりクリックが獲得できておらず、逆に、「新入社員　ストレス」のキーワードで多くのクリックを獲得できていることがわかりました。そこで、TDHに含めるキーワードを「新入社員　ストレス」に調整したところ、**図4**のような結果になりました。

> ポイント
>
> Googleからの流入が多い、より多くの人が答えを求めているキーワードを取り入れてフラッシュリライトを行います。

図4「新入社員　ストレス」に調整後の検索パフォーマンス

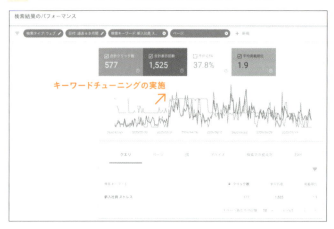

　オレンジのグラフが「新入社員　ストレス」の検索順位の推移です。キーワード調整後に上位に上がっていることが確認できます（その後の下落はアルゴリズムアップデートによるものです）。

　このように、Search Consoleで「実際にユーザーが検索したキーワード」、「Googleがそのページのテーマだと考えているキーワード」を特定し、TDHの調整を行うことで、トラフィックの増加に繋げることが可能です。

■ 内部リンクの調整

　内部リンクの調整が検索表示順に影響することは、Chapter3-11（→P.148）やChapter4-06（→P.261）などで再三述べてきました。

　フレッシュリライトの施策の一環としても、検索順位を上げたい記事に向かって、関連性の高い記事から内部リンクを集めるようにリンクを繋ぎ直します。

> **ポイント**
> SEOにおいて、外部リンク（被リンク）の評価は絶大ですが、内部リンクでも同様のことがいえます。

■ 内部リンクの場所と数

　サイト内の関連記事の中でも、より関連性の高い場所に内部リンクを設置すると効果が高まります**図5**。内容の関連度を機械的に判断するのは困難なため、基本的には「**ユーザーが遷移するであろう箇所**」に内部リンクを設置をするようにしましょう。

図5　内部リンクのイメージ

ポイント Googleの検索アルゴリズムには、ユーザーにクリックされやすい位置にあるリンクが高く評価されます。

ただし、内部リンクをやみくもに設置すればよいわけではありません。サイト内での相対的な量が重要になります。どの記事にも100個の内部リンクが設置されているサイトの内部被リンク100個と、どの記事にも5個程度の内部リンクが設置されているサイトの内部被リンク10個であれば、後者のほうが相対的な評価は高くなると考えましょう。

■ CTAの調整

CTA（Call to Action）は、バナーやボタンなどに代表される、資料請求や会員登録など、ユーザーに起こしてもらいたい行動を喚起するためのアクション導線となるものです 図6。

図6 LANYのWebサイトのCTA

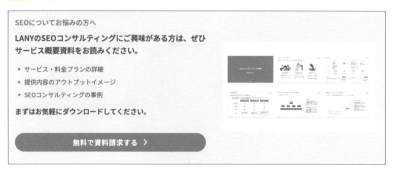

CTAの設置の主目的はコンバージョンレート向上ですが、CTAを設置することで記事更新がされ、フレッシュネスと呼ばれる情報の鮮度の観点でSEO上の評価も高くなることが多々あります。

Googleの視点では、頻繁に更新されている記事のほうが最新の情報（正しい可能性が高い情報）が掲載されている可能性が高いと考え、情報の信

頼性の観点からも上位表示をしやすくなると推察されます。

ポイント
基本的にはCVR改善を目的として実行すれば、同時にSEOの評価も上がるというスタンスで進めましょう。

■ 内容の簡易追加

　記事を公開した後で、検索意図に対して現状の記事では満たせていないと推測できた内容をすばやく追加します。

　例えば、上位表示している競合サイトと比較して自社の記事に足りていない見出し項目を追加したり、Search Consoleを使って実際に検索結果に表示されたクエリやクリックのあったクエリのうち、**現在の記事では対応できていない内容に絞って簡易的に内容を追加執筆**します。検索意図を捉え直してみてカバーできていない要素を追加してもよいでしょう。

　対策優先度の高いキーワードや、優先度の高い記事に対して定期的に行うリライト手法として向いています。

ポイント
簡易追加ですので、あまり時間をかけず、30分〜1時間程度の作業時間で完了させるイメージで実行しましょう。

■ えいやH2

　「えいやH2」はLANYの造語です。特にデータなどを見ることなく

「えいや」と自分の頭で考えたh2見出しを1つとh2見出しに対応する文章を追加するのも効果的です。記事のオリジナリティを高めることで上位表示に繋がる可能性が高くなります。

この、「えいや」で入れる見出しはほかのデータや検索結果を参照しないからこそ、オリジナリティが非常に高くなる傾向にあります。もちろん、まったく見当違いの見出しを入れればテーマとのマッチ度を下げるリスクがあることを考慮しながら行ってください。

ポイント

担当者が「えいや」で思いつく見出しは、意外にも検索者が強く求めている内容になったりするものです。

BtoBサイトであれば、自社の事例などの具体的な話を入れてみるのもよいですし、BtoCであれば、SNSで話題になっている内容をヒントにするのもよいでしょう。あくまでもデータドリブンに検索意図を満たしたあとの最後の施策に近いですが、ぜひ施策の一つとして頭の片隅に入れておいてください。

■ リード文の最適化

リード文（導入文）で読者をつかみ切れないと、すぐに離脱されてしまいSEO的な評価が下がりかねません。**ユーザー行動データから直帰率が非常に高い記事**があった場合は、まずはリード文の見直しをしましょう。

具体的には、検索クエリからユーザーの検索意図を推測し直し、読者がその記事に求めている情報があることを明確に伝えられるリード文になっているかを確認してください。また、自分自身でリード文を読み直し、その先を読み進めたくなる魅力的な内容になってるかどうかも、定性的にチェックをしましょう。リード文は、記事の中でも特に重要な部分なので、

何度も見直して、よりよいリード文を作っていってください。

■ 検索意図に合わせた章の入れ替え

　検索意図に合わせて、文章の順番を入れ替えるのも、フラッシュリライトの中では実行しやすくおすすめの施策です。検索意図として強い見出しを可能な限り記事の上部に持ってくることで、読者体験がよくなり、SEOの検索順位の上昇にも繋がりやすくなります。

　章の入れ替えを検討する際には、ヒートマップを確認して熟読されている章を調査したり、事前にイベント設定を行ったGA4で目次の見出しごとのクリック数を確認して、クリック数の多い見出し項目を記事の上部に持ってくるように調整をするなどの進め方をしましょう。

ポイント
この施策は、実際にLANYでよく行っており、検索順位の上昇に繋がりやすいという実感があります。

　文章の流れが不自然にならないように細かい調整は必要になりますが、Webメディアは、紙の書籍などと異なり、ユーザーが上から下まできちんと読むような行動は少なく、必要な項目だけを飛ばし読みする傾向があります。そのため、ある程度の自然な文章の流れであれば、多少違和感があったとしても、もっとも検索ニーズの高いと思われる章を記事上部に移動させたほうが、検索意図への合致度は高くなり、SEO的に高評価に繋がる可能性が高いです。すでにある程度の上位表示が達成されており、ユーザー行動の改善にも踏み込んでいく際などのリライトの手法の一つとして使ってください。

■ オリジナル画像の差し込み

　画像や動画を活用したマルチメディア対策は、ユーザーの検索意図をよりよく満たせる可能性も高まる可能性があり、SEO的にも評価を上げることができる対策の一つです。**図7**のようなサイト独自の画像であれば、動画に比べて工数を掛けずに作成できるため、フラッシュリライトの施策の一つとしておすすめです。

> **ポイント**
> テキストだけでは伝わりづらいと思う箇所に画像を差し込むことで、ユーザー行動および順位改善に寄与します。

図7 LANYのブログで使用しているオリジナル画像一例

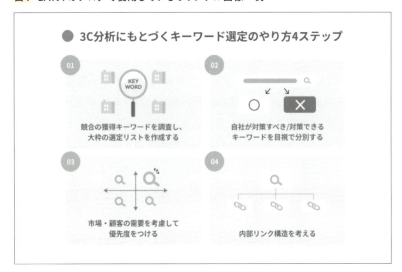

　Canva（→P.249）などのデザインツールを活用したり、BtoBであればホワイトペーパーや営業資料など、すでに社内に存在するオリジナルの資

料を再利用してもよいでしょう。

　画像を差し込む際は、サイトスピードの低下を招かないよう画像のサイズや容量に注意したり、altタグ（→P.115）に画像の内容を表す文言をきちんと設定したりなど、SEO上のポイントに気をつけましょう。

■ よくある質問の追加

　文章の流れの中で自然に挿入することが難しい内容を、よくある質問**図8**の形で記事の最後に入れてあげるのも、おすすめのフラッシュリライトの手法です。

図8　LANYのブログ記事内の「よくある質問」

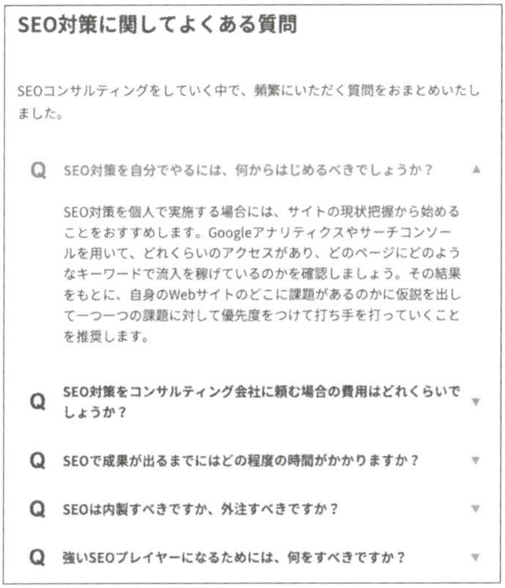

　検索意図をそのまま表したような質問文と、それに対する簡易的な回答文という構成で、質問見出しをいくつか入れてみると、読者としても知りたいことがQ&A形式でサクッとわかるので便利ですし、質問文の内容に含まれている検索意図をその回答で満たすことができるため、ユーザー行動の改善にも繋がります。

■ マークアップ調整

　Googleの検索エンジンが記事の内容を構造的に読み解きやすいように、マークアップの調整を行うリライト手法です。具体的には箇条書きなのに<list>タグが使われていない箇所を<list>タグでマークアップするようにしたり、表で見せたほうがわかりやすいテキストを<table>タグで表組みとしてマークアップをするなどです。

　また、使える構造化データがあるのであれば、積極的に利用することを推奨します**表2**。記事型コンテンツにはそもそも構造化するような情報があまり多くはないのが正直なところですが、Googleの構造化データの公式ドキュメント[※1]を一読して、もし自分たちのメディアと相性のよさそうな構造化データがあれば頭に入れておきましょう。活用できるタイミングがきたらエンジニアと相談もしながら、ぜひ積極的に取り入れていきましょう。

表2　利用できる構造化データの例

構造化データの種類	利用できるページ	実装の効果
記事 （Article、NewsArticle、BlogPosting）	ニュースやブログなどの記事ページ	Googleに執筆者や記事公開日・更新日などが明確に伝わりやすくなる。その結果、E-E-A-T評価の向上に繋がる可能性がある。
求人情報 （JobPosting）	求人情報ページ	Googleしごと検索に表出するようになり、Googleしごと検索経由の流入や応募が獲得できるようになる。
ローカルビジネス （LocalBusiness）	会社案内ページやビジネス紹介ページ	ビジネスの営業時間をはじめとする各種情報がGoogleに明確に伝わり、Google ナレッジパネルに表示される可能性がある。

※1　https://developers.google.com/search/docs/appearance/structured-data/intro-structured-data?hl=ja

ワンランク上のSEO（まとめ）

フラッシュリライトは日々の調整がカギ。高速でPDCAを回して実行しよう。

Chapter 4-12

読者体験を向上させる

サマリー

読者体験の磨き込みは、特に2位や3位にいる記事を1位に押し上げる際などの「最後の一歩」を達成するための施策として有効です。ここでは読者体験を磨き込む方法を3ステップで紹介していきます。

■ Step1:記事のユーザー行動解析と問題点の特定

アクセス数が一定以上ある場合には、GA4やヒートマップツールを活用して、ユーザー行動解析を行いましょう。具体的なやり方として、次のように進めてみるのもおすすめです。

■ ①GA4の「エンゲージのあったセッション率」を出す

GA4の「エンゲージのあったセッション率」を活用して、エンゲージ率が低いページを特定してみましょう 図1。GA4の探索レポートを活用して簡単にレポートを作成することができます。

図1 エンゲージのあったセッション率を算出するGA4の画面

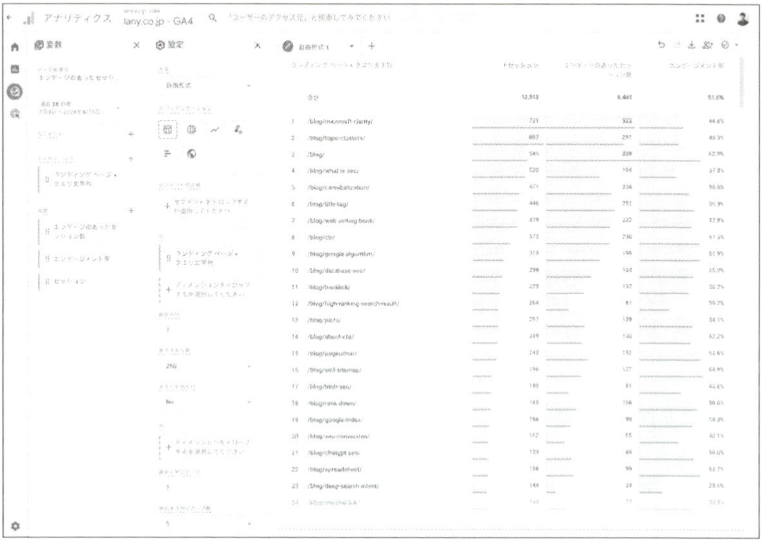

▲ GA4の探索レポートで「ディメンション」に「ランディングページ + クエリ文字列」、「指標」に「エンゲージメントのあったセッション率」を出している

　図1のようにレポートを出してみると、エンゲージメント率にバラツキがあり、サイト平均が51.6%に対して「/blog/topic-clusters/」が40.3%であることがわかります。

　まずは、ざっと記事全体のエンゲージメント率などを算出して、問題のある記事の特定から開始しましょう。問題のある記事の特定ができたら、記事ごとの深掘り分析に移ります。

②ヒートマップツールなどで仮説を出す

　Microsoft Clarity[※1]などのヒートマップツールを活用して、なぜエンゲージメント率が低いのかの要因仮説を出してみましょう 図2。

※1　https://clarity.microsoft.com/lang/ja-jp

Chapter4-12 読者体験を向上させる

図2 LANYサイトのClarityヒートマップ分析

先ほどのブログ記事をClarityのヒートマップで見てみると**図2**、YouTube動画を埋め込んでいる位置で多くのユーザーが離脱していることがわかりました。YouTubeを視聴するためにYouTubeのドメインに遷移してしまっているか、YouTube動画が邪魔で記事内容が読みづらく、検索結果に戻っているのかもしれません。

ポイント

問題点がわかったら、いちユーザーになりきって、なぜそこでその問題が起きているのかを定性的に考えてみましょう。

前者の仮説（YouTube動画への遷移が増える）が正しければ、自社のYouTube動画の視聴回数が増えるため大きな問題ではないかもしれま

せんが、SEO観点では記事の読了率が低いと判断されて、マイナスに働くリスクがゼロではありません。そこで「YouTubeの動画が記事の冒頭にあることで、自サイトの滞在時間が短くなっているかもしれない」と仮説を立てて、次に改善策の企画のフェーズに移ります。

■ Step2：改善策を企画し、実行する

仮説「YouTubeの動画が記事の冒頭にあることで、自サイトの滞在時間が短くなっているかもしれない」に対する改善策を企画します。例えば、次のような改善策が考えられます。

- YouTube動画の埋め込みをやめる
- YouTube動画を埋め込む位置を、記事の最下部にする
- YouTube動画の周辺に「記事を読んだあとにYouTubeを視聴することでより理解が深まります」などのコピーを入れる

改善策の企画ができたら、それぞれの施策の筋を検討し、実行する施策を決めて実行しましょう。施策を実行する際には、期待効果や実装工数などを加味した上で優先度を決めるとよいでしょう。

■ Step3：振り返りを行い、さらなる改善を行う

ここでは施策として「YouTube動画を埋め込む位置を、記事の最下部にする」を実行したと仮定して話を進めます。施策を実行したら振り返りを行いましょう。今回の施策に対する振り返りでは、次のような点を確認してみます。

- YouTubeの埋め込みをなくした位置での離脱率は改善されたか
- その結果、記事自体のエンゲージメント率は改善されたか
- その結果、SEOの検索順位に好影響はあったか

ポイント

施策をやりっ放しにするのはマーケターとして失格です！施策の結果を必ず振り返りましょう。

改善対象の手前の指標から順に確認をしていくことが重要です。もし、指標が改善していなければ、仮説がまちがっていたということになるため、再度仮説を立て直し、次なる打ち手を打っていきましょう。

ワンランク上のSEO（まとめ）

読者体験の磨き込みは検索順位や目的達成に繋がるため、実行と振り返りまでやり切ろう。

Chapter **4-13**

コンテンツの独自性を強化する

サマリー

生成AIの登場により、オリジナリティのあるコンテンツがより重要視されるようになっています。ここでは「インプット」「スループット」「アウトプット」でコンテンツの独自性を強化する考え方を紹介します。

■ 独自のインプットを増やす

　コンテンツのオリジナリティを高めるため、コンテンツの制作過程でインプットする情報をほかにはないものにすると、独自性の強化に繋がります。

　一般的にSEOを意識したコンテンツや記事は、対策キーワードの検索結果で上位表示されているページの内容を参考にしたり、各種SEOツールなどで確認できる関連キーワードをもとに作っていくのが定石です。しかし、そのやり方だけでは多くの人がどこかで読んだことのある記事と大差ないものになりがちです。

　そこで、**自社独自の情報や上位記事が使っていない情報ソース**を活用することで独自性の高いコンテンツ制作が可能です。例えば、次のような情報源を活用してみましょう。

- ・書籍
- ・動画
- ・アンケート調査
- ・社内ヒアリング
- ・社内データベース
- ・実体験

　ここでは一例として、社内データベースと実体験の利用について説明します。

■ 独自の情報として社内データベースを活用

　社内データベースの情報は、自社の社員や特定の業務委託先など、アクセスする人間が極めて限られています。社外には公開できない情報が含まれていることが多いですが、なかには公開しても差し支えないSEO施策に活用できる情報が存在していることもあるはずです。例えば、次のような情報であれば、使い方によっては活用できるでしょう。

- サービスやプロダクトの実際のユーザーの声
- 利用者属性の統計データ
- サービスやプロダクトの過去の利用者データ

　セキュリティやプライバシーの観点から公開が難しいデータも、**公開できる形に加工すれば活用できるケース**もあるはずです。こうしたデータを社内で探してみて、記事コンテンツ化できると、非常に独自性のあるコンテンツが生まれます。

■ スループットで独自性を磨く

　ここでいう「スループット」は、**情報の処理の仕方**を指しています。**インプットした情報を処理する方法を工夫する**ことで独自性のあるコンテンツを作り上げることができます。
　生成AIのプロンプト（ユーザが入力する指示や質問）をイメージしてもらえるとわかりやすいですが、インプットする情報が同じでも、**プロンプトによってAIがアウトプットする内容は大きく変わります**。記事作成では、書き手がスループットを担当します。

ポイント
検索意図を深く理解しているライターとそうでないライターでは、情報処理の質が異なり、原稿の質にも差が生じます。

また、インプットした上で「解釈」をしたり、「示唆」や「考察」を加えることも、スループットの段階で重要です。

例えば「日本のインターネット広告予算が3兆円」という情報と、「年々、総広告予算に占めるインターネット広告の予算シェアが大きくなっている」という情報があったとします。この情報をもとに「今後もどんどんインターネット広告の予算シェアが大きくなるため、インターネット広告代理店の売上は引き続き右肩上がりなのではないか」「だからこそ、今後はさらに多くの代理店プレイヤーが市場に増えていくのではないか」「その際に勝てる代理店と勝てない代理店の違いは……」といった考察を加えるのが、スループットとして行うべきことです。

ポイント
インプットした情報をきちんと処理してからアウトプットすることで、独自性を持たせることができます。

「事実」と「解釈」をきちんと使い分けながら、スループットの部分でも独自性を持たせられるように工夫をしていきましょう。

■ プラットフォームやユーザーに合わせたアウトプット

コンテンツの独自性は、情報のアウトプット形式によっても高めることが可能です。単なるテキスト情報だけでなく、画像、動画、音声などのマルチメディアを活用したり、テキストでも箇条書きや表を使って視覚的にわかりやすく表現したりするなど、工夫してみましょう。

各種SNSプラットフォームやメディアが普及している現在は、人々が求める情報の形は、プラットフォームやシーン、好みによって異なります。テキストで読みたい情報もあれば、動画で視聴したい情報もあれば、耳から音声として聞きたい情報もあるはずです。ユーザーが求める情報の形に合わせて、情報のアウトプットの形も積極的に使い分けていきましょう。

ユーザー行動が向上するだけでなく、ほかにない独自性の高い情報となり、SEO評価の向上にも繋がります。

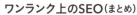
ワンランク上のSEO（まとめ）

オリジナリティは、インプット・スループット・アウトプットの各段階で加えていこう。

Chapter 4-14

データベース型サイトの
コンテンツ強化

サマリー

データベース型サイトでは、リストページの対策優先度が非常に高いですが、パフォーマンス改善で大きく寄与するのがメインコンテンツ、サブコンテンツの強化です。具体的な取り組み方を紹介します。

■ リストページのパフォーマンス改善施策

Chapter3-12(→P.153)で、リストページの検索クエリとページのテーママッチ度を高める上で効果が高い改善箇所としてmetaタグ、メインコンテンツ、サブコンテンツを挙げました。ここでは、メインコンテンツ、サブコンテンツ改善の具体策を解説します。なお、metaタグについてはChapter3-11(→P.149)で解説している考え方を参考にしてください。

データベース型サイトでは、メインコンテンツ、サブコンテンツを強化することが、データベース型サイトの検索クエリとページのマッチ度を高め、インデックス率の改善や検索順位の上昇にも繋がります。

■ メインコンテンツの強化

リストページのメインコンテンツは、**1組の情報セットに、どの情報(項目)を・どのように掲載するか**が重要です。SEOの観点からはできるだけ多くの項目を表示させたいところですが、ユーザーがリストページでアイテムを比較検討する際の邪魔にならないように工夫をしなければなりません。メインコンテンツに掲載する情報としては、次のように考えましょう。

- 上位表示している競合サイトが掲載している情報
- ユーザーアンケートやインタビューからわかる、比較検討時に重要度の高い情報

上位表示している競合サイトが掲載している情報

まず自社サイトと競合サイトで掲載情報にどのような差分があるのかを確認します。その上で競合サイトだけが掲載している情報を自社サイトでにも掲載が可能かどうか、検討します。

図1　求人情報サイトの掲載情報例

図1は、求人情報サイトの情報セットのサンプルです。次の内容が記載されています。

- 新着求人ラベル
- 雇用形態
- 企業名
- 勤務エリア
- 年収
- その他の雇用条件
- 掲載開始日

求人を比較検討したい人にとって、おおむねテーマにマッチした項目ですが、もし改善するなら、次のような項目も検討してみる価値があるかもしれません。

- 最寄駅が知りたい可能性があるので、最寄駅を記載する
- リモートOK/NGが知りたい可能性があるので、リモートOK/NGラベルをつける

　追加項目は、競合サイトとの差分を調査したり、サイト利用者の目線に立って定性的なアイデアを出したりしつつ、自サイトで検索するユーザーの検索意図を深掘りして決定します。

　また、表示させたい項目があっても、データベースのデータの種類によってはフロントエンドに表示できる・表示できないがあり、コンテンツの入力画面やデータベースのカラムの整理など、項目を追加するために大改修になることもあります。メインコンテンツに掲載したい情報は、項目ごとに優先度を精査・検討し、影響範囲や実行にかかる工数を鑑みて施策を実施しましょう。

ユーザーの比較検討時に重要度の高い情報

　メインコンテンツは、SEOの観点だけでなく、ユーザー体験（UX）の観点からも検討することが重要です。社内にUIデザイナーやUXプランナーなどがいるのであれば、積極的に改善プロジェクトに巻き込み、最適な改善設計を行ってください。

　UIの改善にあたってユーザーにとって重要度の高い情報を目立たせる工夫をしたり、載せる情報・載せない情報を絞ったりする過程で、**ユーザーアンケートやインタビューの情報を活用**して、ユーザー体験の向上に努めます。

　例えば、不動産情報サイトでマンションを探す際に重要視される項目が、駅からの距離（徒歩分数）と家賃だとすれば、それらの情報をわかりやすく目立つように表示します。また、サービスの特性上、女性ユーザーが多い求人サイトであれば、女性が気になる求人検索条件（産休・育休の取得可否、土日祝の休暇など）を考慮し、表示の仕方を検討します。

ポイント
情報の取捨選択による直接的な効果と、ユーザー行動改善の間接的な効果によって、SEOの評価を高めます。

■ サブコンテンツの強化

　LANYでは、サブコンテンツを「メインコンテンツの情報価値やユーザー体験を高める、補助的な情報や要素」と定義しています。サブコンテンツをうまく活用することが、SEOの評価向上にも繋がります。

　サブコンテンツの代表例は、FAQセクション、関連する統計データ、ユーザーの口コミなどが挙げられます。サブコンテンツの改善策もメインコンテンツ同様に、競合差分や実際のユーザーの気持ちになって検討します**表1**。

表1　サブコンテンツの具体例

サイトの種類	統計コンテンツの例
不動産サイト	該当エリアの土地の売却価格
求人サイト	該当エリアの平均時給
グルメサイト	該当エリアで人気の店舗ランキング

　なかでも、オリジナリティや価値を上げるのに効果的なサブコンテンツに、**データを活用した統計コンテンツ**があります。統計コンテンツは、データベース型サイトとして自社で保有している大量のデータを加工しながら生成していくのが定番の方法です。

　自社データ以外に外部のデータもAPI経由などで活用できます。公的機関のデータを利用したり、有料でデータを提供しているサービスからAPIを通じてデータを購入するといった方法もあります。自社データや第三者データを活用して、検索ユーザーが求めている情報をサブコ

ンテンツとして提供できれば、ページの独自性と検索クエリとのテーママッチの両面から、ページの評価を大幅に向上させることができるでしょう図2。

図2 サブコンテンツで生成すべき箇所

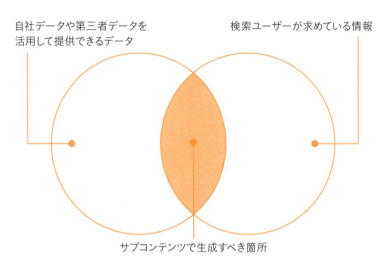

自社データや第三者データを活用して提供できるデータ

検索ユーザーが求めている情報

サブコンテンツで生成すべき箇所

ワンランク上のSEO（まとめ）

多くのサイトを参考にして、実現できるものから、サブコンテンツを創意工夫して実装していこう。

Chapter **4-15**

Google Discover対策

サマリー

Google Discoverは多くのユーザーが利用しており、そこから得られるトラフィックも増加傾向にあります。複数の集客経路の一つとして、Google Discoverへの対策方法を5つ解説します。

■ Google Discoverは重要度が増している

　ニュース記事の流入元となるチャネルのなかでもここ数年で重要度が増してきているのがGoogle Discover（以下、Discover）です。Discoverは、**Googleアプリなどにレコメンド形式で掲載される記事表出枠**で、Webとアプリのアクティビティにもとづいて、ユーザーの興味や関心に関連するコンテンツが表示される仕組みです図1。

図1　Discoverの例

◀ Googleアプリの「設定」→「その他の設定」で表示・非表示を切り替える

■ Discover経由の集客を主軸にしない

　Discoverの利用者増加にともない、そこから流入するトラフィックも大幅に増えています。しかし、アルゴリズムの頻繁な変更やサービス自体が変化していく可能性もあるため、Discover経由のトラフィックへの依存は、事業計画や運営においてリスクとなります。

ポイント

Discover経由で数百万セッションがあったサイトでも、突然流入がなくなったケースもあります。

　Discover経由のセッションや広告収益が今後も継続的に得られると想定して事業計画を立て、先行投資などをしていると、大きなリスクを抱えることになります。そのため、Discover経由のトラフィックは、「あくまでプラスアルファ」程度に捉えておくのがよいでしょう。ただし、たとえ短期間であっても、Discover経由で流入を獲得できれば、事業に大きく貢献することはまちがいありません。
　そこで、ここではリスクが低く、Discoverに貢献できる対策について解説します。

■ E-E-A-Tを高める

　Googleの公式ドキュメント[※1]にも、Discoverに表示されるためには「ユーザー第一の信頼できる有用なコンテンツ」を作成するように記載されています。
　公式ドキュメントの内容を読むと通常の検索結果と近い評価基準ですが、筆者はなかでもE-E-A-Tの評価比重が高いと考えています。実際

※1　https://developers.google.com/search/docs/appearance/google-discover?hl=ja

にいちユーザーとしてDiscoverを利用していても、よく目にする大手メディアの記事が掲載されやすい傾向を感じます。Discoverはパーソナライズされたニュースメディアとしての側面があり、信頼できない情報を表示してユーザーに不利益を与えることを避けるためにも、E-E-A-Tの評価にもとづいた選別は必須だと推察されます。E-E-A-Tの向上については前述しているので、そちらも参考にしてください（→P.232）。

■ タイトルに興味関心キーワードを含める

　Discoverは、ユーザーの興味や関心に関連するコンテンツをレコメンドして表示する場所です。LANYでは、Discover経由のセッション数が非常に多いメディアを対象に、記事のタイトルを品詞分解して単語レベルで分析し、どの単語が含まれていると掲載されやすいかを調査しました。その結果、ユーザーの興味関心を表す特定の単語が含まれた記事がDiscoverに頻出していました。

ポイント

Google側でユーザーの興味関心を軸にパーソナライズした情報を、Discoverに表示していると推測できます。

　Discoverに掲載され、特定のユーザーに一度クリックされると、そのユーザーの興味関心の高いサイトだというシグナルがGoogleに送られます。そのため、そのユーザーのDiscoverフィードには同じサイトの記事が再び表示されやすくなります。このとき、**前に表示された記事のタイトルに含まれていたような、軸となるキーワードを含めておく**と、さらに表示されやすくなる可能性があります。

　過去にLANYで7日連続で新規記事を公開した際、唯一Discoverに掲載されなかった記事がありました。掲載された記事には「SEO」や「コンテンツマーケティング」といった興味関心の軸となるキーワード

が含まれていたのに対し、掲載されなかった記事のタイトルにはキーワードが含まれていませんでした**図2**。それが非掲載の原因ではないかと推測しています。

図2 LANYブログの Discoverの傾向調査

投稿日	曜日	投稿時刻	Title	インデックス	Dis表出	Disクリック	PV (Disなし)	PV (GA)	いいね (TW)	RT (TW)	引用RT (TW)
12/1	水	19:19	【LANY式】SEO目標シートの作成方法。SEOの目標・戦略・戦術の立案のやり方を解説。	○	○	453	4021	4474	342	46	40
12/2	木	19:18	CV数6倍！SEO記事の検索意図を深海レベルで深掘って高品質な記事を作る方法	○	○	837	4807	5644	246	28	46
12/3	金	19:07	大規模サイトのSEO 内から見るか外から見るか、そして白城	○	○	245	739	984	37	8	4
12/4	土	19:10	記事の品質担保に欠かせないライターさんとの関係構築方法	○	×	0	527	527	52	14	11
12/5	日	18:36	【SEOおたく流】SEOの情報収集力を上げて成果を出すぞ！	○	○	351	1153	1504	74	10	7
12/6	月	19:53	コンテンツマーケティングにおけるキーワード出しと整理の考え方	○	○	98	685	783	93	15	5
12/7	火	18:43	求人・転職サービスのビジネスモデルとSEOとの関係	○	○	167	150	317	30	2	2

以上のことから、すでに自サイトがDiscoverに表示された履歴があれば、どんなキーワードが含まれているか、Discoverからの流入をSearch Consoleで分析してみてください。まだDiscover経由の流入がない場合も、自身のDiscoverに表示される記事などを参考に、どのようなキーワードを使うのがよさそうかを検討してみましょう。

■ 魅力的で質の高い画像を設置する

Discoverは、通常の検索結果以上に、記事のサムネイル画像が重要です。**ユーザーがクリックするかどうかを左右する要素は、記事のタイトル、サイト名、サムネイル画像**くらいしかありません。記事内に質の高い画像を入れておくことで、それがサムネイル画像に選択され、クリック率が高まります。

ポイント

「この記事はクリック率が高い」というシグナルがGoogle側に送信され、表示頻度の向上が期待できます。

また、掲載後だけでなく、掲載されるかどうかの判断においても、サムネイル画像が高品質であることは重要だと考えられます。Google広告の品質スコアと似た概念ですが、Googleは推定クリック率などを計測するアルゴリズムを持っているためです。

推定クリック率と同じようなアルゴリズムがDiscoverにも適用されているか、正確にはわかりません。ただ、近しい概念があっても不思議ではないため、クリックされやすい質の高い画像を記事内に設置しておけば、推定クリック率が高まり、表出率が上がる可能性は否めないと考えています。

■ max-image-preview:largeのタグを設定する

Googleの公式ドキュメント[※2]でも言及されており、実際に多くの成功事例がある施策です。検索結果に表示される該当ページの画像プレビューの最大サイズを設定するタグに、「max-image-preview: large」を指定しておくことで、Discoverに掲載されやすくなります。前述したようにDiscoverにおける画像の重要性は高く、画像サイズを最大サイズで表示できる指定をすることで、高評価に繋がる可能性があります。

```
<meta name="robots" content="max-image-preview:large" />
```

■ 他サイトからのトラフィックを特定ページに流す

Discoverは、パーソナライズされたニュースフィードの一種といえます。ユーザーの興味や関心に合致し、かつ、現在のトレンドとなっている内容の記事がよく表示されます。トレンドの判定としては、最新情報であること（最近公開された記事など）に加え、ほかのサイト経由で多く

※2　https://developers.google.com/search/docs/crawling-indexing/robots-meta-tag?hl=ja

のトラフィックが流入しているような記事も表出率が高い傾向にあります。Xやほかのニュースメディア経由で大量のトラフィックが流れた記事が、Discoverに掲載されやすいことは、LANYでの分析結果とも合致します図3。

図3 Google DiscoverとX経由のPV数の関係

投稿日	曜日	投稿時間	Title	インデックス	Dis表出	Disクリック	PV (Disなし)	PV (GA)	いいね (TW)	RT (TW)	引用RT (TW)
12/1	水	19:19	【LANY式】SEO目標シートの作成方法。SEOの目標・戦略・戦術の立案のやり方を解説。	〇			453	4021	4474	342	46	40
12/2	木	19:18	CV数6倍！SEO記事の検索意図を深層レベルで深掘って高品質な記事を作る方法	〇			837	4807	5644	246	28	46
12/3	金	19:07	大規模サイトのSEO_内から見るか外から見るか、そして自戒	〇			245	739	984	37	8	4
12/4	土	19:10	記事の品質担保に欠かせないライターさんとの関係構築方法	〇	×		0	527	527	52	14	11
12/5	日	18:36	【SEOおたく流】SEOの情報収集力を上げて成果を出すぜ！	〇			351	1153	1504	74	10	7
12/6	月	19:53	コンテンツマーケティングにおけるキーワード出しと整理の考え方	〇			98	685	783	93	15	5
12/7	火	18:43	求人・転職サービスのビジネスモデルとSEOとの関係	〇	〇		167	150	317	30	2	2

Xやほかのニュースメディアへの配信など、自社でハンドリングできる部分をコントロールしながら、新規公開の記事やトレンドに合わせた記事などは、Discoverへの表出を目指してみてください。

ワンランク上のSEO（まとめ）

ニュース記事はXや他メディア経由の流入を作りながら、Discoverへの掲載も意識して発信してみよう。

Chapter 5

SEOの地頭力を鍛える

今のSEOは個人の職人的な技能だけで勝てるものではなく、チームプレイも必要となります。ここでは、強いSEOプレイヤー・SEOチームになるために、身につけたい知識やスキルを紹介します。

Chapter 5-01

強いSEOプレイヤーに必要なハードスキル

サマリー

年齢も経験も異なる多くのSEO担当者（プレイヤー）と接した中で、強いSEOプレイヤーにはハードスキルとソフトスキルそれぞれに共通点があることに気づきました。努力で習得が可能なハードスキル2つを紹介します。

■ Webやインターネットへの理解

筆者は、SEOは「**インターネットを基盤にしたWebという世界で行う競技**」と捉えています。競技そのものに対する理解が薄ければ、ルールを理解できず、うまくプレイできません。

筆者は、文系の出身で、理工系やテクノロジーの専門的な知識に触れてきたタイプではなかったので、社会人になったばかりの頃は、IPアドレスやキャッシュ、クッキーなど、耳にする単語のほぼすべてがわからない状態でした。幸いにも新人研修で、Webやインターネットの基礎知識を学ぶ機会や、実際に半年程度かけて自分で企画したWebサービスを自分でプログラミングして作ってみる機会に恵まれました。過程でわからない単語や概念が出てきたら、その都度、理解しきるまで調べたり、周囲の詳しい人に聞いたりすることで、Webやインターネットの理解を深めることができました。

ポイント

Webやインターネットへの知見は、SEOに取り組む上での基礎中の基礎だと考えています。

ぜひ、参考になる書籍やブログなどを通して、まずは浅く広くインプットをしてみてください。

■ システム開発への理解

筆者の周囲を見渡すと、強いSEOプレイヤーに多いのが過去にエンジニア経験があるような方々です。特にデータベース型サイトのSEOプレイヤーなどに多く、実際に自分でコーディングやプログラミングまでできてしまうような方も稀に存在します。

筆者個人としては、SEOプレイヤーとしてコーディングやプログラミングの技術が必須とは考えていません。ただ、少なくとも**Webサービスの開発方法やエンジニアの業務領域、実装工数や難易度**といった全体像を把握するだけの知識や知見は非常に重要です。

マーケターとエンジニアで起こる意見の衝突は、お互いの業務領域への理解が不足していることが一因です。マーケター視点で述べると、**システム開発がわかるマーケター**になることで、SEOプレイヤーとしてのレベルが格段に上がります。今の時代であれば、SEO以外の職種に就く場合でも、システム開発やプログラミングの技術は確実に武器になるはずです。

マーケターの方は、システム開発やプログラミングの分野に苦手意識を持つ方も多いですが、まずはどのようにWebサービスが作られ、動いているのか、といった基礎的な点からインプットをはじめてみましょう。余力があればHTML・CSS、JavaScriptくらいは自分でも少し書いてみると、なお理解が深まります。

ワンランク上のSEO（まとめ）

専門職のレベルまでに詳しくなる必要はありませんが、理解があると、より円滑にSEO施策を進行できます。

Chapter 5-02

強いSEOプレイヤーに
必要なソフトスキル

サマリー

SEOの分野で大きな成果を上げるには、ソフトスキルとして国語力、謎解き力、知的好奇心を鍛えるといいでしょう。企画を実行するためには、物事を前に前に進める突破力も必要になってきます。

■ SEOをおもしろく思えるか

　筆者は、SEOが「全クリのないRPG」のようだと、常々思っています。どれだけそのゲームに没入し、飽きずにあきらめずにプレイし続けられるかが、SEOプレイヤーとしての強さに繋がります。SEOにおもしろさを感じて取り組んでいる人と、あくまで仕事や義務として取り組んでいる人とでは、向き合う姿勢や考え方も大きく変わってきます。

　SEOは、アルゴリズムアップデートやGoogleの新機能の追加を含めて、飽きることがないくらい日々変わっていきます。

ポイント

こうした変化を「苦労」と捉えるのか「楽しい」と捉えるかで、情報への感度や吸収力が変わってくるでしょう。

　どのような理由でもよいですが、SEOをおもしろいと捉えられると、成果も上げやすくなるはずです。SEOの成果を昇給・昇進に繋げたい、SEOの知見を深めてコンサルタントとして独立したい……理由はなんでもかまいません。全力で取り組んでいるうちに、気づいたら好きになっている場合もあります。まずは、SEOを好きになる努力をしていた

だけるとうれしいです。

■ "国語力"（論理的思考力、プレゼンテーション能力）

　ここでいう「国語力」は、物事を適切に考え、適切に伝える能力のことを指しています。論理的な思考力やプレゼンテーション能力と言い換えるとわかりやすいでしょうか。
　SEOには絶対的な正解がありません。筆者の解釈では、SEOは○か×かの世界ではなく、**△の中でどれだけ高い点数を出せるかを競っている**ようなイメージです。そのため、いかに精度の高い仮説を立て、ステークホルダーが納得感を持って施策を進められるかが、成果を出す上でカギになります。**論理的に考えて課題を設定した上で、なぜその課題設定したのか説得力のあるプレゼンテーションを行う能力**が重要です。

> Aページのコンバージョンが下がったので、Aページのリライトをします。

　このような説明を聞いた場合、次のような疑問が浮かびます。

- Aページのコンバージョンが減少したのは、セッションが下がったから？ CVRが下がったから？
- 仮にセッションが下がったのは、検索順位が下落したから？ もしくはトレンドが変わったため？
- 検索順位が落ちたのであれば、理由は何？ 競合が何か対策をしてきたから？ リライトで戻るような要因なのか？

　結果から課題を適切に導き出せる力、さらに、背景も含めて課題に対する最適な施策を第三者に説明できる能力を、SEOの「国語力」と呼んでいます。

SEO施策は明確なルールや正解がないため、**実行したい施策をプレゼンテーションし、ステークホルダーを納得させる**のは難易度の高い仕事です。だからこそ、国語力を磨いて、SEOの目的達成に向けてスムーズかつ高速に推進できる状態を目指すべきです。適切に考える能力と、適切に伝える能力を磨いていきましょう。

■ データから仮説を立てる謎解き力

SEOに取り組んでいると、答え合わせのできない問題と毎日のように向き合います。国語力でも述べた「Aページのコンバージョンが下がった」という事象は、仮説と検証を繰り返すことでしか改善できません。

ポイント

だからこそ、筋のよい仮説にいかに早くたどり着き、仮説を検証するための設計をどれだけ適切に行えるかが重要になります。

仮説思考とも関係しますが、具体的な事象が起きたとき「以前の○○の事象と似ている」と、抽象度を高めて事象と事象を紐づける能力も大切です。特にアルゴリズムのアップデートでサイト全体のパフォーマンスが下がったときなど、謎解き力が試されます。

Googleのアルゴリズムがどのように変更されたかは公開されることがないため、SEOプレイヤーは自分自身が信じられる仮説を打ち出して、仮説をもとに改善施策を実行しなければなりません。アルゴリズムの分析方法としては、検索結果の表示順が上がったサイトと下がったサイトの傾向をまとめることが定石ですが、その際に仮説思考や抽象化思考が必要とされます。

- AとBのサイトが上がっているなら、〇〇の要素が評価されているのではないか？
- 〇〇の要素が評価されてるということは、CとDのサイトも上がっている可能性が高いはずだ。
- ということは、△△をすれば、自サイトの評価も高められるはずだ。

このように仮説思考と抽象化思考（グルーピング思考）を使いながら、正解に近いところまで早くたどり着くことが重要です。仮説思考や抽象化思考は日々の業務でも鍛えられる部分ですので、ぜひ意識的に使っていきましょう。

答えない問題の改善に向けて取り組む

　SEOには絶対的な正解が出ない問題に対して、永遠に考え続けるという特性があります。SEOに専門的に取り組むのであれば、「SEOに答えはない」ということを胸に留めて、答えのない問題に向き合い続ける状態に慣れなければいけません。

　同時に、考えているだけでは成果は上がらないため、考えたことを行動に移し、実行・改善していく推進力も必要です。筆者は「物事の推進力」が、強い≒成果の出せるSEOプレイヤーになれるかどうかの分岐点だと考えています。

　また、現代のSEOは一人の職人芸ではなく、チームで取り組むスポーツです。チームメンバーと協力しながら、周囲のステークホルダーを巻き込み、プロジェクトを前に進められる推進力があると、大きな成果を出せるでしょう。

ワンランク上のSEO（まとめ）

一人で全方位の能力を備えた人はいないので、チームやステークホルダーをうまく味方につけよう！

Chapter 5-03

強いSEOプレイヤーになるためのトレーニング

サマリー

強いSEOプレイヤーに必要な能力がはじめから備わっていなくとも、あとから伸ばしていくことができます。そのためのプロセスと具体的に実践したい事柄を、筆者なりに考えてみました。

■ 筆者が意識して取り組んだこと

駆け出しのSEO担当者だった筆者は、SEOを好きになり、SEOコンサルティングの会社を起業するに至りました。自身の経験を振り返り、継続的に実践してよかったと思っているのは次の5つです。

1. ビジネス力を高める
2. SEOの全体像を掴む
3. Webやシステム開発の全体像を掴む
4. SEOのフロー情報を追いかけ続ける
5. SEO担当者として必要な業務を繰り返し実行する

並行してすべてに取り組まなくてもかまいません。できるところから取り組んでみてください。

■ ①ビジネス戦闘力を高める

SEOに詳しいだけの人から、「SEOで成果が出せる人」になるには最低限のビジネス力が必須です。筆者は、SEOプレイヤーに必要なビジネス力として、次のものがあると考えています。

- 論理的思考力
- 問題解決力
- 仮説思考力
- 問題見極め力
- 分析力
- 抽象化思考力
- プレゼンテーション能力

ビジネス力を高めるには、ビジネスコンサルティングの思考法や問題解説の手法を解説したビジネス書の名著を読むのが、最短かつ効率的な方法だと思っています**表1**。

表1 おすすめのビジネス書

書名	著者	発行元
ロジカル・プレゼンテーション	高田 貴久	英治出版
問題解決	高田 貴久／岩澤 智之	英治出版
仮説思考	内田 和成	東洋経済新報社
イシューからはじめよ	安宅 和人	英治出版
定量分析の教科書	グロービス／鈴木 健一	東洋経済新報社

書籍を読んでまずは知識をインプットして、その知識を日頃の業務で活用しながら血肉と化していきましょう。

②SEOの全体像を掴む

SEOに継続的に取り組むということは、アルゴリズムのアップデートという不可抗力の働きに左右されながら、複雑に絡まり合う要因を分析し続けなければなりません。そのため、まずは次の2つのことをファーストステップとして達成してください。

- SEOの全体像を大まかに理解すること
- SEOで困ったら、何を見ればいいかがわかること

Googleの公式ドキュメントに代表される複雑なルールや膨大な仕様を細かく記憶しなくてもかまいませんが、ルールや仕様が必要になったタイミングで、**信頼できる情報に素早くアクセスできる状態**にしておきましょう。筆者も、例えばrobots.txtの正確な記述ルールや、アノテーションタグの細かい仕様を記憶してはいません。ただ、その役割や重要性、どのような点を気をつけるべきなのかは知っています。Googleの公式ドキュメントの概要や重要部分は頭に入っているため、困ったらすぐに調べて答えを出せます。

ポイント

全体像をざっと把握しておき、日々の業務では信頼できる情報源を常に確認しながら、正確に仕事を進めていきましょう。

SEOの全体像は本書でも解説していますので、困ったときにいつでも取り出せるよう、ぜひ手元に置いておいてもらえるとうれしいです。全体像を頭に入れた上で、細かいルールや仕様について悩んだときは、基本的にはGoogleの公式ドキュメントを参照するようにしましょう。必須の3つのドキュメントを挙げておきます**表2**。

表2 Google公式ドキュメントの必ず押さえておきたいガイド

ガイド名	URL
Google検索の仕組み	https://developers.google.com/search/docs/fundamentals/how-search-works?hl=ja
SEOスターターガイド	https://developers.google.com/search/docs/fundamentals/seo-starter-guide?hl=ja
検索品質評価ガイドライン	https://static.googleusercontent.com/media/guidelines.raterhub.com/ja/searchqualityevaluatorguidelines.pdf

表2の中でも「検索品質評価ガイドライン」は、読むのに骨が折れる

ドキュメントですが、本書を手に取られてSEOプレイヤーとして成果を出したいとお考えの方であれば、ぜひ一読していただきたいです。

③Webやシステム開発の全体像を掴む

Chapter5-01（→P.324）でも述べたように、SEOはWebの世界で展開していく施策になるため、インターネットやWebの基本知識が必須です。コンテンツSEOだけに留まらずSEO全般に携わっていくのであれば、エンジニアリングへの理解も必要です。

- Web／インターネットの理解を深める
- システム開発への理解を深める

書籍などで基本知識を吸収した後は、知らない単語や概念に出会ったときに、きちんと調べて自分の頭で理解するようにしましょう。筆者も新しい概念を知らないまま放置するのではなく、1つ1つ吸収していくことで、エンジニアとの意思疎通が円滑になりました。

SEOに取り組む上で、Webやシステム開発などエンジニアリング領域への理解を避けて通ることは不可能です。筆者が学習する過程で参考にした書籍も挙げておきます**表3**。

表3　Web技術やシステム開発の基礎を学べる本

書名	著者	発行元
プロになるためのWeb技術入門	小森 裕介	技術評論社
Webを支える技術	山本 陽平	技術評論社

また、プログラミングにまったく触れたことがない方は、オンラインでプログラミングの学習ができるサービスなどを通して、ぜひ一度は触れてみることをおすすめします。筆者もプログラムは書けませんが、プ

ログラミングに触れた経験もあり、SEOの業務を通してソースコードを見ることに対する苦手意識はなくなりました。

■ ④SEOのフロー情報を追いかけ続ける

コアアルゴリズムアップデートや、Googleの新機能の実装など、毎日のように新しいフロー情報が登場するのがSEOです。フロー情報は最新情報と言い換えてもいいでしょう。

だからこそ、飽きることのないおもしろいゲームとして楽しみ続けることができるのですが、情報を毎日キャッチアップし続けなければ、SEOプレイヤーとして最前線で戦い続けることは難しくなるでしょう。筆者が必ずチェックしてるのはXと最新のSEO情報を発信しているサイトです。

X上で情報をキャッチアップ

最新情報を追いかけるプラットフォームとしてXほど優れたものはありません。X上でSEO情報を発信しているアカウントは多くあるため、信頼できると思えるアカウントを見つけて、日々情報をウォッチしましょう表1。SEOの最新情報は、基本的に海外から入ってくることが多いです。

ポイント

英語圏のSEOプレイヤーもXでフォローして、最新情報が常に自分のタイムラインに流れている状態を作るのがおすすめです。

表1 最新のSEO情報を発信しているXアカウントとWebメディア

アカウント名／サイト名	URL	特長
@googlesearchc	https://x.com/googlesearchc	Googleの検索に関する情報発信をする公式アカウント。コアアルゴリズムアップデートの報告などはこのアカウント経由で行われることが多い。
@lilyraynyc	https://x.com/lilyraynyc	ニューヨーク在住の女性のSEOの専門家。日々の検索アルゴリズムの変動に対する深い示唆を定常的に発信している。
@glenngabe	https://x.com/glenngabe	米国のSEOコンサルタント。コアアルゴリズムアップデートの度に、かなり深い分析を行って、傾向に対する仮説を発信してくれる。
@rustybrick	https://twitter.com/rustybrick	SEOギークで、SEOの最新情報を誰よりも早く発信してくれる。
@Marie_Haynes	https://x.com/Marie_Haynes	米国の女性のSEOの専門家。日常的に、アルゴリズムの変動に対して、深い考察を発信してくれる。
Search Engine Land	https://searchengineland.com/	SEOに関する、信頼性の高い最新情報を提供する海外のサイト。SEOの専門家によって運営されている。

⑤SEO担当で必要な業務を繰り返し実行する

　①〜④は座学的にインプットするものが中心でしたが、インプットを活かしてSEOの業務を繰り返すことも同じぐらい重要です。「知識をインプット→知識を活用して実践（業務）→さらに必要な知識をインプット」のサイクルで進められると、成長速度が高まります。自サイトのタイプによって必要な業務は少しずつ異なるため、ここでは「汎用的かつ繰り返し行うことで、SEOプレイヤーとしての成長に繋がる」業務を紹介します。

数値モニタリング

日々の数値モニタリングこそが、SEOプレイヤーのレベルを最も引き上げてくれる業務であると考えています。数値モニタリングとは、**定常的にSEOに関する数値指標を確認する業務**のことで、具体的には次のような指標をモニタリングします。

- コンバージョン数
- セッション数
- CVR
- キーワードの検索順位
- インデックス数
- クロール数

SEOの状況は日々変動しているため、上記の数値指標は必ず定期的に確認し、サイトの状況を常に把握できる状態を作りましょう。その上で、数値に変化が起きたときは、その要因仮説を立てられるようにしてください。例えば、コンバージョン数が減少したとしたら「その要因は何か」、「要因を踏まえてどのような対策をするか」を自分の言葉で説明できるレベルまで、毎回の数値モニタリングで深掘りをしましょう **図2**。

慣れないうちは、要因仮説と打ち手を出すまでに、それなりの時間がかかりますが、ある程度慣れてくると、パッと数値を見るだけで、初期の要因仮説と打ち手の方針は一瞬で出せるようになります。数値の変化を捉えて、その変化の要因を考えるという業務を、何度も何度も繰り返しましょう。

ポイント
こうしたSEOの勘所がつかめるようになることも、数値モニタリングに取り組む目的の一つです。

図2 数値モニタリングを通した要因の深掘り

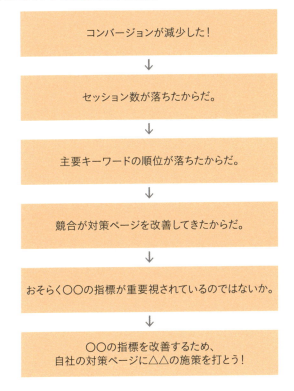

　また、自分の力でそのスピードや要因仮説に対する打ち手の精度を高めていくことも行う一方で、SEOに詳しい先輩などから適宜フィードバックをもらうこともおすすめです。自分では思いつかなかったような仮説や、見るべき指標が見られていない抜け漏れの指摘などをもらうことで、数値モニタリングの精度を高めていきましょう。

キーワード戦略設計

　SEOは、検索されるキーワードで上位表示を狙って、検索結果経由のトラフィックを獲得する手法です。そのため、キーワード戦略の設計はSEOプレイヤーとして必須のスキルになります。

　キーワード戦略設計は、非常に奥が深く、**SEOプレイヤーのレベルに**

よってアウトプットに大きな差が生まれます。Chapter2-02〜05（→P.47〜63）で解説した考え方を参考にしながら、ぜひご自身のサイトのキーワード戦略を設計してみてください。

キーワード戦略に正解はないため、担当する方によって最終的なアウトプットは変わってきます。ですから、考え方も含めてSEOに詳しい方からフィードバックをもらったり、ディスカッションをしてもらいながら、多くのことを学んでいきましょう。

ポイント

キーワード戦略設計は骨の折れる作業ですが、この業務を通してSEOプレイヤーに必要な多くのことが学べます。

キーワード戦略設計を通してテクニカルな面では、Google広告のキーワードプランナーや、SEO・マーケティング系の分析ツール、Excelやスプレッドシートなどのビジネスツールを、実践の中で使いこなせるようにもなります。

SEO施策の企画

調査や分析がひと通りできるようになれば、実際にSEO施策の企画をしてみましょう。SEO施策を企画するにあたっては、次の項目を自身で組み立てられるようになりましょう。

・施策の目的
・解決したい課題
・施策の要件
・施策のKPIと検証方法

ポイント

リソースが限られた中で施策を実行するためには、優先度をつけられるように「課題」や「目的」を特に明確にしましょう。

はじめは「ベストプラクティスとされているから実施する」という姿勢でもかまいませんが、強いSEOプレイヤーが打ち出す施策や企画の精度は非常に高いです。どのような課題があり、その課題を解決することでどういったメリットがあり（目的）、解決のためにどのような要件で施策を実装するのか、解決したらどのような指標が動くのか（KPI）、またどのように検証できるかまでを事前に考えられるようになるのが理想といえます。

ワンランク上のSEO（まとめ）

数値モニタリングから施策の企画まで、多数の業務が存在しますが、何度も繰り返し実践していくことで確実に身になるはず。

Chapter 5-04

強いSEOチームになるために効果的な取り組み

サマリー

前節では、強いSEOプレイヤーになるために、筆者が個人レベルで実践したこと、現在も継続的に行っていることを取り上げました。ここでは、チームメンバーや複数人で有益な取り組みを紹介します。

■ チームでの輪読会

輪読会（りんどくかい）とは、複数人が集まり同じ書籍やWebのドキュメントなどを読み、内容について意見を交わす会のことです。輪読会のメリットは次のようなものです。

- 不明点や疑問点が、その場で解消しやすい
- 異なる視点が身につく
- 同じものを読むため、チーム内での共通言語を作りやすい

書籍でもWebのドキュメントでも、SEOの実践経験の少ない方が一人で黙々と読むと、「なんとなくわかった」「よくわからないけどスルー」といった状態が発生しがちです。

そこで、LANYではGoogleの各種公式ガイドラインやWeb関連の書籍の輪読会を、新人コンサルタント研修として実施しています。経験値の多いSEOコンサルタントといっしょに読み合わせをすることで、一人では理解し切れなかった内容にも質問を通して理解を深められます。実際の事例や経験なども踏まえて補足説明してもらうことで、現場に活用できる粒度でインプットすることもできます。

> **ポイント**
> わからないことを放置せず、現場で使えるレベルの知識としてインプットできるのが、輪読会形式のメリットです。

　同じ内容を読んだとしても、解釈や感想は人によって異なるため、複数人で読むことで他者の異なる視点を学べます。特に、豊富な経験を持つメンバーの知見や事例などを交えて語ってもらうことで、より多くの視点を手に入るでしょう。

　また、インプットの内容や場を共有することで、その後に**チームで議論する場面での共通言語**を作り上げることもできます。SEOは唯一絶対の正解はない領域であり、個々人でインプットや情報の解釈がバラバラな場合、議論が進めづらいことが往々にしてあります。そこで、Googleの公式ガイドラインなどの確実に信頼できる文書を全員で読み進める場を設けることで、その後のチームの議論が共通言語で行えるようになり、生産性を高めることに繋がります。

■ SEO戦略立案道場

　LANY独自の呼び方で、初見のサイトに対して短時間かつ限られた情報のみを用いてSEOの戦略を描き、発表し合う会です**表1**。LANYのSEO研修でも実施しており、シニアSEOコンサルタントがファシリテーター・評価者として、ジュニアSEOコンサルタントといっしょに参加します。

表1 SEO戦略立案道場のタイムテーブル

項目	時間	概要
事前情報の共有およびサイトの確認	5分	・先輩から、戦略立案対象のサイトの概要の説明を実施 ・参加者はサイトをブラウザ上で確認する
ヒアリング	10分	・参加者が先輩に対して、戦略を立案するにあたって必要な事項をヒアリングする(ビジネスモデルやサイト構成、ベンチマーク競合サイトなど)
サイト分析および戦略の立案	25分	・参加者がサイト分析を行う ・Search Consoleは利用せず、サードパーティーツールなどで閲覧できる外部情報のみで、分析および戦略立案
戦略の発表	3分／人	・参加者が描いた戦略を全員の前で発表する
総評と振り返り	10分	・先輩から、参加者各人に総評(よかった点・改善点)を伝える ・総評を踏まえて、参加者は振り返りを発表して終了

▲先輩をシニア SEO コンサルタント、参加者をジュニア SEO コンサルタントとする

　限られた時間、かつ限られた情報の中で、筋のよい戦略を描けるかどうかは、SEOにおける国語力(論理的思考や仮説思考)をうまく活用できているかと、それまでの経験も踏まえた上で問題や課題の当たりづけが早く、精度高くできるかにかかっています。また、プレゼンテーション能力(考えを適切に伝える力)も鍛えることができるアクティビティとなっており、多くのことが学べるはずです。

　複数のジュニアコンサルタントで発表し合うことによって、輪読会と同様に、ほかの人の新しい視点や思考プロセスも学べると同時に、経験値の高いシニアコンサルタントによるフィードバックなどを通して、求められるレベルや水準をメタ学習することも可能です。短時間で何回も繰り返して行うことでよい学習サイクルを回せるので、積極的にチームでトライしてみてください。

■ 情報収集とアウトプット

前節でも述べたように、SEOは常に最新情報がアップデートされ続ける領域です。大量に最新情報を早くキャッチアップすることが、競合よりも先にSEO改善を行うことに繋がります。

SEOの情報を漫然と眺めているだけでなく、インプットと並行して、**「自分なりに解釈」した上で、周囲にアウトプットしていく**ことで、活かせる知識として頭に残ったり、実際の施策に繋げることができます。

筆者は、新卒でSEO業務に就いたばかり頃、SEOの最新情報をチームや部署に発信する役割を担い、SEO情報のサマリと解釈や自サイトへの影響などをまとめたレポートを毎週発表していました。

そうして周囲にアウトプットしていくと、「この場合にはどうなるの？」「○○ってどういうこと？」など、質問が返ってきます。それに対して回答できるよう、自分なりに深掘りをして調べていくことがより深い理解にも繋げられました。ぜひ積極的に最新情報のキャッチアップとアウトプットを行っていきましょう。

■ 社内のSEOに関する窓口

SEO業務を担っていると、社内の別部門からSEOに関する質問がくる場面もあるはずです。例えば、エンジニアから「サイトリニューアルに際して、リダイレクトをかける必要があるのだが、ステータスコードは301がよいか、302がよいのか」だったり、デザイナーから「UXをケアして初期描画ではCSSで要素を非表示にしようと思うが、SEO的に問題ないか」などといった、SEOと周辺領域にまたがる質問です。

もし、SEOプレイヤーとして能力を高めたいのであれば、こうした社内でSEOに関する窓口（＝質問の受け口）を、積極的に引き受けてください。細かな質問に回答する業務は面倒に感じることも多いですが、中長期的に見ると大きなプラスになります。

質問に対してきちんと回答しようすれば、詳しい人にヒアリングしたり、Googleの公式ドキュメントを調べる作業が必要になります。その過程を通して断片的な知識を紐づけ、周辺領域に派生させていくと、**自分なりに「知っている」から「使える」知識として昇華**していくことができます。

ワンランク上のSEO（まとめ）

インプット・アウトプットの共有はSEOだけに限らず、Webに関わる広範なプロジェクトでも活用できる取り組み。

Chapter 5-05

SEOの昔と今

サマリー

SEOがWeb集客の柱であり、事業を支える重要度の高い施策の一つである点は、昔も今も変わりませんが、SEOの難易度は年々高くなっており、求められるスキルも多様化しています。

■ SEOのイメージと実態

筆者は2018年からSEOの世界に携わり、本書を執筆している時点では丸7年間が経ちました。SEOコンサルティングを提供するLANYを創業してからこれまでの間、300社近くのクライアントと接し、その2倍近くのサイトのSEOに直接携わり、各競合サイトを含めると1,000を超えるサイトを分析してきました。その経験を通して、次のようなことを感じています。

- 年々、SEOの難易度が上がっている
- 求められるスキルや能力が大幅に変化している
- 外から見たSEOの印象や評価と実態には大きなギャップがある

SEOという業務を遂行する難易度は年々上がり、より広範囲なスキルセットが必要になってきているにも関わらず、世の中から見たSEOの印象や評価はあまり変わってきていないように感じます。その結果、若い世代から「魅力的な仕事」として受け入れられづらく、SEO業界に参入する人が減っている気がしてなりません。

SEOはWeb集客の柱であり、事業を支える重要度の高いチャネルであり施策です。SEOを通して事業を伸ばせる人材は、事業成長にとって

不可欠であると、筆者は信じています。

　筆者の会社で働くメンバーにも自分たちの仕事に誇りを持ってほしいのもちろん、他社であっても同じくSEOに携わる方々には、自分たちの仕事を一層好きになってもらいたいと、常々思っています。ここから述べる見解は、そうした観点からのものです。

ポイント
SEOに対する世の中の印象や評価が少しでもポジティブに変わり、SEO関係者の自己肯定感も上がったらうれしいです。

■ SEOという仕事の"昔"と"今"

　筆者は、SEOに仕事として関わり出す以前のことを「実体験」としては語ることができません。ですから、筆者にSEOを教え、時代を築き上げてきた諸先輩方からの見聞や書籍・Webなどから得た二次情報を踏まえての話となりますが、「昔のSEO」と「今のSEO」について、筆者なりの考えを述べてみます。

　「昔のSEO」、過去の手法や黎明期からSEOに取り組んでいる方を批判する意図はなく、**次世代の方へSEOをさらによいものとして引き継いでいきたい**と思いからのものです。

昔のSEO

　SEOの歴史は20年ほどですが、旧来のSEOは、筆者なりの言葉で表現すると、よい意味では「職人芸」だったように感じます。

　Webサイトのあるべき姿と乖離している箇所を見つけて修正したり、検索アルゴリズムに対して効果的な手法を見つけ、施策を実行したりといった、「ほとんどの人が知らない裏技を見つけて実装する」ような世

界だったと推察しています。

　筆者がSEOの世界に足を踏み入れた当初教えてくれた方も、エンジニアのバックグラウンドを持ち、非常に細かいところまで行き届く職人気質の方でした。緻密さという点ではまったく敵いません。

　また、検索エンジンのアルゴリズムも現在のような精度ではなかったため、一部には裏技（スパム）的な施策で検索結果の上位を目指していた人たちもいました。外部リンク（被リンク）がSEOにもたらす効果は絶大で、被リンク元となるサイトを無限に製造し、上位表示を目指したいページやサイトに向けて大量にリンクを張る施策も横行していました。

　時を経た現在では誰も知らない裏技はほとんどありませんし、被リンクの売買といった行為もなくなりました。ただ、ブラックハット的なSEOが行われていた時代の印象が強すぎるためか、SEOに過去に触れたことがある方の中には、いまだに当時のイメージのままの方も多くいらっしゃいます。

> **ポイント**
> 「誰も知らない裏技的な施策で上位表示をさせてくれる」ものがSEO、という認識を持つ方がいまだにいらっしゃいます。

　世の中に残っているSEOの悪い印象、スパムリンクに代表されるガイドライン違反の施策も行いながら、上位表示を目指すスパマーようなイメージを払拭していきたい、というのが筆者の思いです。

今のSEO

　本来のSEOは、裏技も魔法もなければ、ガイドライン違反になるスパム的な施策も行わず、**正々堂々としたやり方で検索表示順を上げていくもの**です。黎明期から比べると、SEOの大切な考え方や基本的な施策は、専門家ではなくてもWebに関わる多くの人が知っている状況になっ

ています。

　また、WordPressやShopifyなどのプラットフォームを活用すれば、SEOのベストプラクティスが踏襲された状態のサイトを、誰でも簡単に構築することが可能な時代です。

ポイント

誰もがSEOの情報にアクセスできるようになり、専門家と専門外の人の、情報の非対称性が解消されたといえます。

　SEOの専門家ではなくともWeb関連の業務に関わる方であれば、SEOで重要な要素が「ドメインの強さ」や「コンテンツの品質」であると知っている方は多くいらっしゃいます。そのため、昔に比べて多くの人・サイトにSEOが当たり前のように浸透した現在は、成果に差がつきにくくなった時代といえます。

■ SEOの成果を差をつけるには

　では、SEOの成果の差は何によって生まれるのでしょうか？　筆者は「**やるべきとわかっていることを、どこまで徹底してやり切れるか**」だと考えます。

　「ドメインを強化することが効果的だから、品質の高い被リンクを大量に集めることが大切」と、誰もがやるべきとわかっているからこそ、それだけでは大きな差はつきません。どのように行うのか（＝企画）と、どこまでやり切れるか（＝実行）で差が生まれます。

　「被リンクの獲得」を目指すとすれば、企画と実行には次のような具体策があります。

【企画】多くの人に使われるツールを作る
【実行】ツールの要件定義をして開発をディレクションする

> 【企画】情報を掲載してくれている企業に依頼する
> 【実行】情報掲載先をリストアップし、営業担当に依頼のスクリプトを渡してディレクションする

> 【企画】メディアバリューのある調査リリースを配信して、メディアキャラバンを行う
> 【実行】広報PR担当と協力して世の中のトレンドを調査した上で、調査内容を設計し、適切なモニターにアンケートを実施する。それを取りまとめてプレスリリースにまとめ、掲載してくれそうなメディアへのアタックも行う

　これらはあくまでも一例ですが、SEOでやるべきことはみんながわかっているため、SEOを担う人の業務では**実行に向けて推進することの比重が高くなっている**というのが、筆者の所感です。

■ これからのSEO

　筆者が考える"今"のSEO担当者が力を注ぐべきことの大枠は、次の通りです。

- SEOで目指す状態を定義すること
- その状態に向かうための優先順位を付けること
- そこに向かうための打ち手（施策）を企画すること
- その打ち手を実行に向けて推進すること

　現在のSEOは「総合格闘技」的な面があり、エンジニアやデザインの領域はもちろん、データ分析やSNSマーケティング、インターネット広告、広報PRなど、**様々な分野と連携で取り組んでいかなければ、成果を出しにくくなっています。**

　SEOが「やるべきとわかっていることを、競合他社以上にやり切れ

ば勝てる」競技であるならば、各指標の競合との差分を調査し、**ToBe（目指す状態）** と **AsIs（現状のサイト状態）** を明確にしてください。**そのギャップを「問題」として洗い出します**。そして、各指標を競合以上に伸ばしていくために戦略を練りましょう。

ポイント

チームで取り組むSEOではSEO担当者が司令塔となり、企画を推し進めます。

■ 誇りを持ってSEOと向き合おう

　繰り返し述べますが、SEOで差が生まれるポイントは、一般的なSEOの領域を超えた範囲に知見を広げて打ち手を企画することができるか、企画した内容を多種多様なステークホルダーを巻き込みながら、実行まで持っていけるかです。SEOに詳しいだけでなく、計画を実行に持っていくために高いレベルのビジネス力や、多くのステークホルダーを巻き込むための人間力も要求されます。

　だからこそ、SEOに携わっているみなさんには、**自分の仕事に自信や誇りを持っていただきたい**のです。それが巡り巡って、業界全体をより魅力的なものに変革していくと信じて止みません。

　本書を読んで、誰か一人でもSEOの世界を一層魅力的に感じてくれたり、携わっている方の肯定感が少しでも上がったりするのであれば、筆者としてこの上ない喜びです。

ワンランク上のSEO（まとめ）

強いSEOプレイヤーになるのは簡単なことではないが、その分、成果やおもしろみも大きい。

> 著者プロフィール

竹内渓太（たけうち・けいた）

株式会社 LANY 代表取締役。株式会社リクルートホールディングスにデジタルマーケティング職で新卒入社。3 年間デジタルマーケティングに従事。大規模サイトの SEO を中心に、デジタル広告運用や BtoB マーケティングなど多種多様な業務を経験。その後、株式会社 LANY を創業し、Web メディア・サービスサイト・データベース型サイトなど幅広いモデルの SEO 改善をプレイヤーとしてサポート。

X アカウント（竹内渓太）	https://x.com/take_404
X アカウント（SEO おたく）	https://x.com/seootaku
株式会社 LANY コーポレイトサイト	https://lany.co.jp/

【制作スタッフ】

ブックデザイン	沢田幸平（happeace）
イラスト	ササキシンヤ（ササキイラスト制作）
DTP	クニメディア株式会社
編集協力	宮崎綾子（アマルゴン）
執筆協力	黒木鈴華（株式会社LANY）
制作協力	浅井優太　五十嵐駿太　林 佑樹　牧野哲大　宮下真菜（以上、株式会社LANY）
企画協力	石原 智
編集長	後藤憲司
担当編集	熊谷千春

強いSEO

"SEOおたく"が1000のサイトを検証してわかった成果を上げるルール

2024年11月11日　初版第1刷発行
2024年12月 2日　初版第2刷発行

著者	竹内渓太
発行人	諸田泰明
発行	株式会社エムディエヌコーポレーション 〒101-0051　東京都千代田区神田神保町一丁目105番地 https://books.MdN.co.jp/
発売	株式会社インプレス 〒101-0051　東京都千代田区神田神保町一丁目105番地
印刷・製本	中央精版印刷株式会社

Printed in Japan
©2024 Keita Takeuchi. All rights reserved.

本書は、著作権法上の保護を受けています。著作権者および株式会社エムディエヌコーポレーションとの書面による事前の同意なしに、本書の一部あるいは全部を無断で複写・複製、転記・転載することは禁止されています。

定価はカバーに表示してあります。

【カスタマーセンター】

造本には万全を期しておりますが、万一、落丁・乱丁などがございましたら、送料小社負担にてお取り替えいたします。お手数ですが、カスタマーセンターまでご返送ください。

■落丁・乱丁本などの問い合わせ先　〒101-0051　東京都千代田区神田神保町一丁目105番地
　　　　　　　　　　　　　　　　　株式会社エムディエヌコーポレーション カスタマーセンター
　　　　　　　　　　　　　　　　　TEL：03-4334-2915

■書店・販売店のご注文受付　　　　株式会社インプレス　受注センター
　　　　　　　　　　　　　　　　　TEL：048-449-8040／FAX：048-449-8041

■内容に関するお問い合わせ先
株式会社エムディエヌコーポレーション カスタマーセンター メール窓口
info@MdN.co.jp
本書の内容に関するご質問は、Eメールのみの受付となります。メールの件名は「強いSEO　質問係」とお書きください。電話やFAX、郵便でのご質問にはお答えできません。ご質問の内容によりましては、しばらくお時間をいただく場合がございます。また、本書の範囲を超えるご質問に関しましてはお答えいたしかねますので、あらかじめご了承ください。

ISBN978-4-295-20721-4　C3055